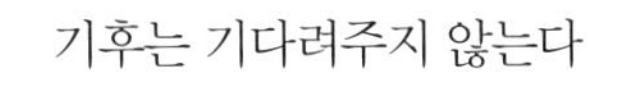
기후는 기다려주지 않는다

A Bright Future, How Some Countries Have Solved Climate Change
and the Rest Can Follow

A BRIGHT FUTURE

기후는 기다려주지 않는다

조슈아 S. 골드스타인 · 스타판 A. 크비스트 지음 | 이기동 옮김

도서출판 프리뷰

A Bright Future

원자력 발전과 재생에너지로 기후변화 극복에 나서야 한다

스티븐 핑커
Steven Pinker
하버드대학교 심리학과 존스톤패밀리 교수

세상을 구할 방법을 제시한다고 자신 있게 주장할 수 있는 책이 있겠는가마는 이 책은 당당하게 그런 책이라고 말할 수 있다. 기후변화는 오늘날 인류가 당면한 가장 시급한 문제이다. 하지만 우파 진영에서는 이런 현실을 부정하고, 좌파는 이를 근거로 산업자본주의를 맹공격하며, 태양광 패널과 풍력 발전기 설치를 절반의 해결책으로 제시한다. 하지만 이런 대응으로는 다가오는 재앙을 피하지 못한다.

저자들이 처음으로 현실에 근거한 기후변화 대응책을 담은 책을 저술했다. 저자들은 과학과 기술적인 면을 면밀히 조사하고, 정확한 계산에 근거하고, 전 세계가 직면한 에너지 현실을 분석했다. 그리고 무엇보다도 중요한 점은 정치적 상황까지 고려에 넣었다는 것이다. 아무리 그럴 듯한 해결책을 찾았다고 해도 정책으로 채택되지 않으면 아무 의미가 없기 때문이다.

이 책의 또 다른 강점은 서로 첨예하게 의견이 엇갈리는 정치인이나 극단적인 환경운동가가 쓴 게 아니라는 사실이다. 사람들은 인간이 초래한 기후변화의 냉엄한 현실을 잘 받아들이지 않으려고 한다. 과학적으로 무지해서가 아니라 기후변화 문제를 정치적 좌파와 관련지어서 생각하고, 공동체주의, 청교도적 가치 등과 관련지어서 생각하기 때문이다. 이런 가치에 동조하지 않기 때문에 기후변화도 무시하려고 하는 것이다. 그리고 전통적인 환경운동 분야에서는 기후변화를 다른 환경 문제와 같이 취급하면서 환경보호운동과 소규모 에너지 생산 같은 대책을 내놓았다. 하지만 이런 대책은 인류의 생존을 위태롭게 하는 기후변화의 심각성에 걸맞지 않은 미흡한 조치에 불과하다.

골드스타인 교수는 전문적인 식견을 바탕으로 기후변화 문제를 다른 차원의 글로벌 이슈로 접근한다. 전쟁과 평화를 포함한 국제관계 측면에서 바라보는 것이다. 전쟁에 관한 두 권의 수상 저서와 이 분야에서 가장 인기 있는 대학교재를 쓴 그는 기후위기가 인간의 생존을 위협한다는 점, 그리고 무엇보다도 인간이 그 위협에 어떻게 순치되어 왔는지에 대해 설명한다. 공동저자인 크비스트Qvist는 전 세계 에너지 기술 분야의 확고한 전문가이다.

이 두 전문가는 오직 문제 해결 방법을 모색하는 것에만 집중해서 기후변화를 새로운 시각으로 바라보았다. 저자들은 누구도 부인할 수 없는 확고한 몇 가지 사실로 논의를 시작한다. 굶주린 듯 에너지를 먹어치우는 산업화는 사람들을 극심한 빈곤에서 구해냈고, 사람들이 오래 건강하고 안락하게 흥미진진한 삶을 살 수 있게 만들어줌으로써 인류에게 유익한 역할을 했다. 오늘날 가난한 사람들은 때가 되면 산업화가 가져온 그 발전의 혜택을 누릴 권리가 있다. 그러나 값싸고 손쉽게 쓸 수 있는 화석연료에 거의 전적으로 의존함으로써 지구의 기후에 재앙적인 결과가 초래되면서 세계는 지금 위기에 직면하게 되었다.

정책과 기술의 발전으로 이제 우리는 오염을 줄이며 더 많은 에너지를 얻을 수 있게 되었다. 하지만 이 변화를 다가올 재앙과 벌이는 경주에서 이길 수 있을 만큼 빨리 이루어낼 수 있을까? 이러한 발전을 통해 우리는 세계경제의 기반을 탄소를 배출하지 않는 새로운 에너지원으로 대체할 수 있어야 한다.(지금은 세계경제에서 소비하는 에너지의 85%를 화석연료가 공급한다.)

엄청나게 빠른 속도로 발전이 이루어져서 이번 세기 중반까지는 대부분의 전환이 마무리되어야 한다. 인류는 지금까지 이처럼 심각한 문제에 직면한 적이 없다. 일반인들이 생각하는 평범한 방법으로는 문제를 해결할 수 없다. 올바른 생각을 가진 많은 사람들처럼 나도 개인적으로 사소한 희생을 감수하기 위해 내가 할 수 있는 몫을 다했다. 예를 들어 하버드대 커뮤니티를 상대로 충전기 플러그 뽑기, 샤워 짧게 하기를 독려하기 위해 학생들이 만든 캠페인 포스터 앞에서 유쾌하게 포즈를 취했다. 그러나 자료 수치를 본 사람이라면 기분만 약간 좋게 만

드는 그런 방법으로는 의미 있는 결과를 가져올 수 없다는 사실을 쉽게 알 것이다.

이 책은 유아교육용 자료가 아니라 실질적인 기후변화 운동 방식을 제안한다. 걸음마 단계에서 시작해 효과를 하나씩 쌓아나가는 게 아니라, 먼저 우리가 도달해야 할 목표점에 가서 상황을 보고, 어떻게 하면 그 목표에 도달할 수 있을지를 묻는다. 이미 그 목표점에 도달했거나 매우 근접해 있는 소수의 국가가 확고한 기준점이 되어야 한다. 다시 말해 이들은 청빈서약이나 하며 시간을 끄는 대신 신속하게 화석연료에서 청정에너지로 전환한 국가들이다. 우리는 이런 접근방식이 성공할 수 있다는 것을 안다. 이미 성공한 나라들이 있기 때문이다.

에너지는 좋은 것이지만, 탄소 배출은 나쁘기 때문에 우리는 생산된 전력이 kWh당 발생하는 탄소 배출량을 추적해야 한다. 수치로 보면 스웨덴, 프랑스, 캐나다 온타리오주는 탄소 배출량이 세계 평균의 10분의 1에 불과하다. 다른 나라들이 모두 이들처럼 따라 해야 우리가 직면한 문제가 겨우 해결될 수 있는 정도의 수준이다. 그리고 두말할 필요도 없이 이들은 누추한 빈곤국이 아니라 지구상에서 가장 살기 좋은 곳들이다. 그들의 성공에서 배울 점이 무엇일까? 이 질문에 대한 실질적인 답을 이 책이 제시한다.

기후변화의 끔찍한 위협을 마주하고 나서 보이는 여러 반응들 중에서 요즘 가장 흔히 볼 수 있는 게 바로 무기력한 운명론이다.(자기만족적인 측면이 있다) 지구가 뜨거워지고 있는데 우리가 할 수 있는 일은 하나도 없다는 식이다. 그저 우리의 앞날을 슬퍼하고, 즐길 수 있을 때 즐기기나 하자는 말도 한다. 이 책은 건설적인 대안을 제시한다. 인간의 독창성이 우리를 곤경에 빠뜨렸지만 그 독창성으로 우리를 그 곤경에서 벗어나게 할 수도 있다. 이 문제에 대한 해결책을 제시하는 이 책은『불편한 진실』*An Inconvenient Truth* 이후 기후변화에 관한 가장 중요한 책인 동시에 우리 시대에 읽을 수 있는 가장 완벽한 책이다. 다시 말해 지구를 구할 책이다.

글 싣는 순서

Part 03 두려움과 맞서기 Facing Fears

Part 04 어떻게 할 것인가 The Way Forward

A BRIGHT FUTURE

PART 01

탈脫탄소화

Decarbonization

지금 인류가 당면한

가장 시급한 과제는 전 세계적으로

에너지 수요의 85%를 담당하는 이산화탄소

배출 화석연료를 청정에너지로

신속히 전환하는 것이다.

제1장

기후는 기다려주지 않는다

기후변화가 심각한 문제라고 생각한다면 여러분에게 나쁜 소식이 있다. 그건 바로 기후변화가 여러분이 생각하는 것보다 더 심각하다는 사실이다.

이산화탄소CO_2 배출량을 나타내는 탄소 오염 수치는 매년 올라가고 지구 온도 그래프도 해마다 상승한다. 그렇다 보니 이산화탄소 배출량 증가를 막으면 온도 상승도 멈출 것이라는 생각이 당연히 들 것이다. 배출량 증가를 막는 것은 달성 가능한 목표이다. 미국이 파리협정Paris Agreement에 재가입하고, 전 세계 모든 국가가 협정이 제시한 감축 목표를 지킨다면, 파리협정이 목표한대로 배출량 증가는 멈출 것이다. 하지만 그렇더라도 지구온난화가 멈추는 것은 아니다.[1](미국은 도널드 트럼프 대통령 시절인 2017년 6월 파리협정 탈퇴를 선언하고, 2020년 11월 파리기후변화협약에서 공식 탈퇴했다. 하지만 조 바이든 대통령이 후보 시절 공언한대로 취임 첫날인 2021년 1월 20일 파리기후변화협약에 재가입했다. – 편집자 주)

이렇게 생각해 보자. 배출량 증가가 멈춘다 하더라도 우리는 계속해서 지금처럼 높은 비율의 이산화탄소를 대기 중으로 배출해 대기 중의 이산화탄소 농도는 계속 올라갈 것이다. 현재 이산화탄소 농도는 산업화 이전의 약 280ppm에서 410ppm으로 이미 증가했다. 배출된 이산화탄소는 앞으로 수백 년 동안 대기 중에 머물게 된다. 대기 중에 있는 이산화탄소를 저렴하고 효과적으로 제거하는 방법은 아직 개발되지 않았기 때문에 우리가 대기 중으로 배출하는 모든 이산화탄소는 오랫동안 그곳에 머문다.

지금 같은 속도라면 이미 과부하 상태인 대기에 매년 전 세계적으로 약 350억 톤의 새로운 이산화탄소가 배출된다. 150억 대의 포드 익스플로러 SUV를 합한 무게에 해당하는 이산화탄소가 매년 배출되는 것이다. SUV 차량 150억 대면 지구상에 있는 모든 사람 앞으로 2대씩 돌아간다. 메탄가스처럼 연소되지 않은 여러 온실가스들이 추가로 지구온난화 효과를 일으킨다.[2] 파리협정이 성공하더라도 매년 대기 중으로 다량의 탄소를 추가로 배출하게 될 것이다.[3] 이 탄소 배출량을 신속히 제로에 가깝게 줄여야 하는데 현재 실행되고 있는 계획들은 효과가 별로 없다.

사실, 21세기에 세계에서 가장 빠르게 성장하는 에너지원은 화석연료 중에서도 가장 이산화탄소 집약적이고 독성이 강한 석탄이다. 석탄 사용은 2001년 이후 그 어느 때보다 빠르게 급증했다.[4] 중국만 해도 2001~2006년 불과 5년 사이에 이미 막대한 석탄 소비량을 두 배로 늘렸다. 2017년 트럼프 대통령이 '석탄과의 전쟁'을 끝내고 석탄산업의 성장을 가속화하겠다고 약속한 것은 가장 최근에 일어난 사소한 사건에 불과하다. 석탄은 값싸기 때문에 석탄 산업의 성장은 주로 가난한 나라에서 일어나고 있는 반면, 미국은 혁명적인 프래킹fracking 공법을 통해 석탄을 더 저렴한 메탄(천연가스)으로 꾸준히 대체했다.

석탄, 석유, 메탄 같은 화석연료는 모두 합해서 전 세계 에너지의 85%를 공급하는 이산화탄소 배출의 주요 원인이다.[5] 화석연료가 차지하는 이 비율을 몇 십 년 안에 거의 제로에 가까운 엄청난 수준으로 빠르게 줄여야 한다. 실로 전 세계적으로 어렵고 힘든 과제가 안겨진 것이다. 화석연료에서 벗어나는 이런 과정을 탈脫탄소화decarbonization라고 한다.

대기 중에 새로운 탄소 배출을 즉시 중단하더라도 현재 이산화탄소 농도가 410ppm에 달하기 때문에 속도는 느려지겠지만 온도 상승은 계속될 것이다.[6] 온도 상승을 되돌리려면 시간이 오래 걸리겠지만 그래도 최악의 위기를 피할 수 있는 기회는 남아 있다. 그러나 탄소 배출을 더 이상 추가하지 않고, 매년 탄소 증가 속도를 크게 낮추지 않는다면 우리에게 남은 희망은 없다.

앞으로 20여 년 안에 신속히 탈탄소화를 달성하기 위해서는 전 세계

출처: Adapted by permission from Climate Interactive.

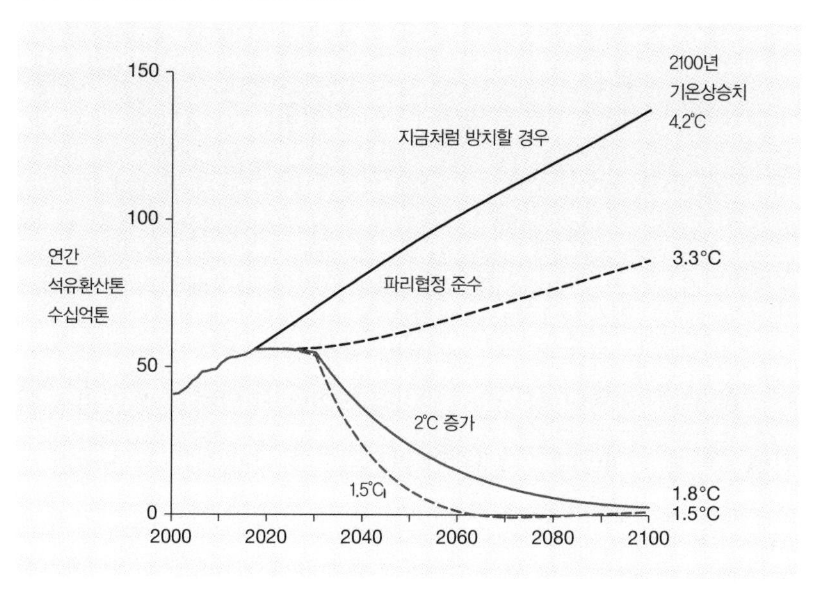

탄소 배출과 지구온난화

가 몇 십 년 동안 탄소 배출량을 매년 절반으로 줄여나가야 한다는 연구 결과도 있다.[7] 현재로서 제일 중요한 것은 세계가 얼마나 빨리 이 목표를 달성할 수 있느냐이다. 지금의 탄소 배출은 미래의 기후에 영향을 미치는데, 그 과정이 일직선으로 진행되지는 않는다. 화석연료 배출 감축을 10~20년 정도 늦추면, 기후에 나타나는 결과를 10~20년 뒤로 미루게 되는 것으로 생각할 수 있겠지만, 실제 상황은 그보다 훨씬 더 심각하다.

기후변화의 두 가지 유형

상황이 왜 그렇게 심각한지 이해하기 위해서는 두 가지 유형의 기후변화를 구분할 필요가 있다. 그 가운데 하나는 이미 우리 눈앞에서 벌어지고 있거나 조만간 보게 될 상황으로 기후 과학자들이 수십 년 전에 이미 경고한 일들이다. 해수면 상승, 강력한 허리케인의 발생 빈도가 더 잦아지고, 홍수와 가뭄, 그리고 산불, 기록적인 폭염 등을 말한다. 사람들이 "기후변화는 이미 일어나고 있다"고 말하는 것은 바로 이런 효과들을 의미한다.[8] 허리케인 카트리나와 샌디, 캘리포니아 가뭄, 러시아와 미국 서부 주에서 발생한 산불, 유럽의 홍수, 필리핀의 초대형 태풍은 모두 지구온난화로 인해 발생 가능성이 높아진 극한 기상의 최근 사례들이다. 개별 사건을 직접적으로 지구온난화와 연결시킬 수는 없지만, 전반적인 패턴은 온난화되는 지구 행성에서 일어나는 현상과 일치한다.

하지만 이런 사건들은 큰 그림에서 보면 사람들을 불편하게 만들고 비용이 많이 드는 정도에 불과하다. "기후변화는 이미 일어나고 있다"라는 말에는 앞으로 몇 년 안에 기후변화가 지금 사람들이 겪는 극한 기상보다 훨씬 더 심각한 일을 불러올 것이라는 현실 인식이 제대로 담겨 있지 않다.

두 번째 유형의 기후변화는 정말로 재앙을 동반하는 변화를 초래할 수 있는 한계점, 즉 잠재적인 '티핑 포인트'tipping points를 말한다. 이들의 실상은 여전히 불확실하며, 상황이 이미 한계점을 지나 돌이킬 수 없는 지경까지 가더라도 그때까지 우리는 아무 것도 모르고 있을 수가 있다. 알았을 때는 이미 때가 늦다. 우리에게 시간이 더 남아 있을 수가 있고, 알고 보니 큰 문제가 아닌 것으로 판명날 수도 있다. 하지만 그런 식으로 기다리는 건 너무 위험한 도박이다. 재앙을 부를 티핑 포인트의 가능성을 방관하는 것은 너무도 무책임하다.

해수면 급상승으로 대재앙이 초래될 위험성은 일반적으로 예상하는 것보다 훨씬 더 빠르게 높아지고 있다. 현재 우리는 해수면 상승을 인치 단위로 측정하며, 해변 방파제를 건설하고, 인프라를 이동시켜(비용이 어느 정도 들지만) 대비해 나가고 있다. 하지만 일부 분석모델은 이번 세기 동안 해수면이 10피트(약 3미터) 이상 상승할 수 있다는 가능성을 보여준다. 이는 전 세계적으로 대부분의 주요 도시들이 해안 지역에 위치하고 있는 현실에서 중대한 게임체인저가 될 수 있다.

뉴욕에서는 매일 두 번 만조 때의 평균 파고가 허리케인 샌디 때보다도 더 높아질 것이다. 뉴욕의 도심 지역이 수면 아래 잠기고, 보스턴에서는 로건Logan국제공항과 하버드대학교, 매사추세츠공대MIT가 침수될 것이다. 뉴올리언스와 마이애미도 크게 침수되고, 샌프란시스코 공항도 마찬가지일 것이다.(기후변화 단체 클라이밋 센트럴Climate Central은 이 장소들의 사진 일러스트를 제작해 공개했다.)[9] 미국 외의 나라들에서는 상황이 더 나쁠 것이다. 수억 명이 살고 있는 아시아 전역의 연안 도시들이 심각한 영향을 받을 수 있다.[10] 서아프리카에는 수천만 명이 취약한 연안 지역에 살고 있다.

전 세계 얼음의 대부분이 남극대륙을 덮고 있는 남극빙상ice sheet에 있다. 대략 700만 큐빅마일에 이른다. 그런데 또 다른 빙상인 그린란드 빙상에 50만 큐빅마일이 넘는 얼음이 있다. 이 얼음의 양을 감안하면 남극의 얼음이 모두 녹는 경우 해수면은 200피트 상승하고, 거기에 그린란드의 얼음이 모두 녹으면 해수면은 추가로 20피트 더 상승하게 될 것이다.[11]

해수면 12피트 상승 시나리오에 따른 보스턴 백베이Back Bay 지역.

그래픽: Nickolay Lamm / Climate Central

지금까지 북극 지역은 남극보다 더 빠르게 녹고 있고, 지난 25년 동안 북극해의 상대적으로 얇은 얼음은 3분의 1로 줄었다. 2016년 여름에는 북극의 온도가 정상기온보다 20도나 높은 기록을 보였다.[12] (현재 전 세계적으로 산업혁명 이전보다 섭씨 1도 정도 더 높다.) 이러한 북극의 해빙은 제트기류가 기상 패턴에 영향을 미치는 것처럼 글로벌 기상 패턴을 변화시킬 수 있기 때문에 매우 위험하다. 그리고 여러 '양성 피드백 루프'positive feedback loops 현상이 일어나 문제를 더 가속화한다. 바다 얼음이 녹으면 햇빛 반사가 줄어들고, 그렇게 되면 북극의 바닷물이 더 따뜻해지고 얼음이 줄어든다. 육지의 영구 동토층이 녹으면 메탄가스가 방출되어 지구온난화가 증대되고 더 많은 영구 동토층이 녹는 것이다.

북극 지방의 따뜻한 기온으로 인해 발생할 수 있는 재앙 가운데 하나는 그린란드빙상과 관련된 티핑 포인트가 일어날 수 있다는 가능성이다. '대서양 컨베이어 벨트'Atlantic conveyor belt는 따뜻한 바닷물로 만들어지는데, 이 해류는 멕시코 만류인 걸프 스트림Gulf Stream이 되어 북미 동부 해안을 따라 이동한 다음 그린란드 근처에서 1만 피트 해저로 가라앉아 적도로 되돌아가 따뜻해진 다음 다시 수면으로 올라온다.

얼음이 녹으면서 그린란드에서 북대서양으로 유입되는 많은 양의 담수는 짠 바닷물처럼 가라앉지 않기 때문에 컨베이어 벨트를 멈출 수 있다. 얼음이 녹아 만들어진 이 담수가 북미와 유럽에서 빙하기를 촉발할 수 있다. 지구온난화가 낳은 아이러니한 결과이지만 과거에는 이를 컨베이어 벨트가 멈춰서 일어나는 것으로 생각했다. 기후 과학자들은 수십 년 전에 이 가능성에 대해 걱정했다가 약 10년 전에 그런 일이 이 일어날 가능성이 매우 희박하다는 결론을 내렸다. 그러다가 그럴 가능성에 다시 주목하기 시작했다.[13]

오늘날 우리는 기후변화로 인해 불편을 겪고 값비싼 비용을 치르고 있다. 하지만 이 정도의 대가는 앞으로 수십 년 혹은 수 세기 안에 기후 티핑 포인트가 가져올 재앙에는 비할 바가 아니다. 예를 들어 2015년 보스턴의 겨울에는 기록적인 눈이 내렸다. 이상 기후로 전 세계적으로 변덕스러운 날씨가 확산되었다. 몇 주 동안 6~8피트의 눈이 도로에 쌓이면서 거리에는 인적이 끊기고 사람들은 출근을 못했고, 상점들은 문을 닫았다. 그로 인한 경제적 손실이 10억 달러에 육박했다.[14] 기후변화로 인해 사람들이 큰 불편을 겪은 것이다.

하지만 보스턴이 1만 2,000년 전처럼 1마일 두께의 얼음으로 덮여 있는 모습을 상상해 보자.(지질학적인 시간 개념으로 보면 짧은 시간이기는 하지만) 그것은 사람들이 불편함을 겪는 것과는 차원이 다른 문제이다. 한마디로 말해 게임오버 상황이 되는 것이다. 뉴올리언스는 허리케인 카트리나로 폐허가 되다시피 했다. 그것은 비극적이기는 해도 일시적인 재앙이었다. 그러나 뉴올리언스가 계속해서 해수면 10피트 아래 잠긴다고 상상해보라. 캘리포니아에서 5년간 지속된 가뭄이 2017년에 끝나지 않고 영원히 계속된다고 상상해보라. 그렇게 해서 유수지와 지하수층을 모두 고갈시켜 사람이 살 수 없는 사막으로 만들어버린 모습을 상상해보라.

2017년 뉴욕매거진에 보도된 기사는 우리가 문제를 해결하려는 노력을 하지 않고 행운도 뒤따르지 않을 경우 기후변화로 인해 겪게 될 최악의 결과를 그렸다. '사람이 살 수 없는 지구'The Uninhabitable Earth라는 제목이 기사의 내용을 잘 요약해 보여준다. 기사는 과거 지구 역사에서 몇 번의 '대량 멸종' 사건이 온실가스로 지구가 데워져서 발생했으며, 그 중에서도 가장 치명적인 경우는 지구 생명체 97%를 소멸시켰다는 사실을 상기시켰다.[15]

아울러, 기후변화와 관련해 폭력적인 분쟁이 일어날 가능성을 강조하는 경고도 많이 나오고 있다. 하지만 그것은 새로운 빙하시대의 도래나 급속한 해수면 상승에 비하면 주요 관심사가 아님이 분명하다. 확실히, 기후변화로 인해 세계는 사람들의 이주사태가 더 큰 규모로 일어나고, 천연자원을 둘러싼 쟁탈전이 더 치열해질 수 있을 것이다.[16] 이는 실제로 일어날 수 있는 우려이고, 점점 더 지속적인 정책 관심의 초점이 되고 있다.[17] 하지만 그동안 여러 세대에 걸쳐 전쟁과 폭력사태는 크게 감소해왔다. 그런 다음에 벌어질 일들인 것이다.[18]

예를 들어, 기후변화로 인해 무력분쟁이 50% 증가할 것이라는 예측이 널리 알려져 있지만, 그렇다고 하더라도 냉전 시절과 비교하면 이는 훨씬 낮은 수준이다.[19] 또한 난민 발생은 주요 무력분쟁의 원인이 아니라 결과인 경우가 더 많다. 그리고 2004년 인도네시아 아체에서 발생한 쓰나미와 2015년 네팔 지진의 경우처럼 자연재해는 분쟁을 격화시키기도 하지만 때로는 분쟁을 완화하기도 한다.[20] 기후변화로 인한 가뭄이 시리아 내전을 촉발시켰다는 주장은 과장되었을 것이다.[21] 물론 어떤 경우든 전쟁이 많아지는 것은 안 좋은 일이지만, 우리가 걱정해야 할 주요 대상이 전쟁은 아니다. 우리가 제일 걱정해야 할 점은 바로 지구의 생태계를 불안정하게 뒤흔들어놓을 기후변화의 티핑 포인트가 다가오고 있다는 사실이다.

실제로 티핑 포인트가 일어나서 참혹한 결과를 초래할지, 일어난다면 그 시기는 언제가 될지 정확히는 알 수 없다. 최근 연구에서는 지금과 같은 정책을 지속할 경우 유엔이 지구 온난화의 마지노선으로 설정한 연평균 섭씨 2도 미만 상승을 유지할 가능성은 5%에 그치는 것으로 나타났다. 섭씨 2도 미만 유지는 재난적인 상황이 일어날 가능성을 줄이기 위해 유엔이 설정한 목표이다.[22] 하지만 많은 기후학자들은 지구 온난화를 막기 위해 유엔이 정한 섭씨 2도 유지 목표도 전혀 안전한 기준이 아니라고 생각한다.[23] 언제 재난이 닥칠지, 어떤 종류의 재난이 일어날지 단언할 수 없다고 하더라도 이런 종류의 재앙은 무슨 수를 써서라도 막아야 한다는 점을 인정하는 게 합리적인 태도일 것이다.

서서히 다가오는 대충돌의 시간

따라서 기후변화는 환경 문제가 아니라 우리의 생존이 걸린 문제이다. 거대한 소행성 하나가 서서히 지구를 향해 다가오는 것이나 마찬가지이다. 과학자들이 멀리 떨어진 우주에서 지구를 향해 다가오는 소행성 하나를 발견했다고 상상해 보라. 소행성이 우리를 강타할 것은 분명해 보이지만 그 충격이 도시 몇 개를 파괴하는데 그칠지, 아니면 지구의 생명이 모조리 최후를 맞게 될지는 아직 모르는 상황이다. 충돌을 피할 가능성이 아직 남아 있지만, 그렇게 생각하는 비율은 전체 과학자의 3%에 불과하다.

그렇다면 우리는 어떻게 할 것인가? 충돌 시점이 불과 몇 년 후로 다가왔다면 우리는 그 위협에 대응하기 위해 전 세계가 나서서 군사력과 예산 투입 등 모든 역량을 총동원해 맞설 것이다. 그리고 가장 뛰어난 두뇌들을 이 문제를 해결하기 위해 투입할 것이고, 최대한 빠른 시간 안에 소행성을 찾아내 진행 방향을 바꿀 방법을 모색할 것이다. 지체하면 그만큼 소행성은 지구와 더 가까워지고, 소행성의 궤도를 바꾸는 일은 더 어려울 것이다.

그래서 우리는 제시된 해결책이 너무 기술적이라거나 '자연스럽지 않다'는 식으로 시비를 걸지 않을 것이다. 이 해결책이 대기업들에게 엄청난 이익을 안겨줄 것이라고 불평하지도 않을 것이다.(물론 대기업들은 큰돈을 벌게 될 것이다) 소행성이 지구와 충돌하면 부자보다 가난한 사람들이 더 많은 영향을 받게 된다며(물론 그럴 것이다) 분배정의 실천을 위한 노력에 나서지도 않을 것이다. 지구의 종말이 가까워졌다는 사실을 부정하는 사람도 없을 것이고, 하느님의 뜻으로 말세가 가까이 왔으니 받아들이자고 우기는 사람도 거의 없을 것이다. 모두가 팔을 걷어붙이고 나서서 지구를 구하기 위해 힘을 모을 것이다.

하지만 만약 소행성이 몇 년이 아니라 몇 십 년이 지나도 지구와 충돌하지 않을 경우를 생각해 보자. 예를 들어, 충돌 가능성이 지금 공전궤도가 아니라 다음 공전궤도로 넘어간다고 가정해 보자. 하지만 지금 소행성의 궤도를 변경시키는 게 여전히 피해를 최소화하고, 가장 안전하며, 가장 효과적인 게 사실이라고 하자. 이런 경우 우리는 긴박하게 문제 해결에 나설 필요성을 잃고 정신이 해이해질 수 있다. 그러다 다

어린 아이들과 미래 세대가 가장 큰 영향을 받을 것이다.
인도네시아의 연례 홍수, 2013년.

사진: Kate Lamb / VOA via Wikimedia Commons (CC BY-SA 3.0).

음에 서둘러 소행성의 궤도를 변경하려고 나섰을 때는 시기를 놓쳐서 실패할 가능성이 높아질 것이다.

기후변화에 대처하기 위한 조치를 취하는데는 다음과 같은 어려움이 있다. 지금부터 10~20년 사이에 취하는 단기적인 조치가 장기적인 결과를 결정하게 될 것이다. 하지만 장기적인 결과로 나타나는 고통과 비용은 수십 년이 지난 후에야 알 수 있다. 지금 행동하고 혜택은 나중에 받게 되는 것이다. 가장 큰 영향을 받는 사람은 너무 어리거나 아직 태어나기 전이어서 지금은 아무런 발언권도 없고 투표권도 없다.[24] 실제로 영향을 받게 될 미국의 젊은이들이 정부의 에너지 정책이 미래의 안정적인 기후를 누릴 자신들의 권리를 훼손한다며 연방 정부를 상대로 소송을 제기했다.[25]

불행하게도, 기후변화는 미국에서 정파적인 문제가 되었다. 보수주의자들은 문제 자체를 인정하려고 들지 않고, 진보주의자들은 툭하면 이 문제를 자본주의와 세계화, 불평등, 불공정 같은 큰 이슈와 결부시킨다. 작가 나오미 클레인Naomi Klein은 기후변화를 좌파들이 오래 추구해온 목표를 달성할 '역사적인 기회'라고 부른다.[26] 그리고 환경운동가 조지 마샬George Marshall은 기후변화에 대해 인류 공동의 목표를 추구하는 식의 접근이 필요하다고 주장하지만(기후변화의 도전에 맞서 인류 전체가 함께 일어서야 한다), 사람들은 ('사악한 기업들'에게 책임이 있다는 식으로) '적을 설정'하는 방식에 더 솔깃해한다. 그러다 보니 많은 사람들이 기후변화가 문제라는 사실을 알면서도 그 심각성을 외면하게 되는 것이다.[27]

정치학자와 에너지공학자인 이 책의 저자들은 기후변화에 대한 깊은 우려와 함께 세계가 이 문제를 해결하기 위해 필요한 노력이 크게 부족하다고 경고한다. 우리는 태양광 발전, 풍력 발전, 에너지효율성 등 현재 유행하는 해결책을 적극 지지한다.[28] 그러나 이 책에서 설명하듯이 이런 해결방안은 필요한 만큼 신속하게 효과를 발휘하지 못한다. 그리고 만약 일부 진보주의자들의 주장처럼 자본주의가 끝장나야 비로소 기후 문제가 해결된다면 그것이야말로 진짜 큰 문제가 아니겠는가.

머뭇거릴 시간이 없다

파리협정이 정한 감축 목표를 달성하기 위해서는 2020년 이전에 행동을 취하는 게 매우 중요하다. 2017년에 기후 정책 분야의 많은 지도자들이 늦어도 2020년에는 이산화탄소 배출량이 줄어들도록 당장 전면적인 변화를 실행에 옮겨야 한다고 요구했다. 이들은 "만약 여기서 지체한다면 인류의 번영을 가져올 요소들이 크게 줄어들 것"이라고 경고했다.[29]

MIT매사추세츠공과대학교에서 개발한 컴퓨터 시뮬레이션은 탄소 배출량이 언제 최고조에 달하고, 얼마나 빠르게 감소하는지 등 타이밍이 매우 중요하다는 사실을 보여준다.[30] 이 모델은 두 가지 사실을 분명하게 입증한다. 첫째는 우리가 무엇을 하든 2040년경에는 세계의 기온 상승폭이 섭씨 1.5도를 넘을 것이라는 사실이다. 파리협정은 가능하면 그 수준 이하에서 유지되도록 노력할 것을 촉구했지만 사실 그럴 기회는 이미 지나갔다. 둘째는 향후 10년 동안 배출량을 정점에 이르게 하고, 신속하게 줄이기 위해 어떤 조치를 취하느냐에 따라 금세기 후반에 일어날 일이 결정된다는 것이다. 2020년에 시작되는 신속한 탈탄소화는 유엔이 상한선으로 설정한 상승폭 섭씨 2도 이내에 머무는 것을 의미한다. 이보다 조금이라도 더 소극적으로 하다간 2040년경에 섭씨 1.5도 상승폭을 넘어선다. 그리고 평소와 다르지 않게 행동하다가는 2100년이 되면 상승폭이 섭씨 4.5도에 이르게 된다.

탄소 배출량을 곧바로 정점에 올린 다음 파리협정에서 규정한 것처럼 지금 같은 수준으로 계속 유지한다면 이번 세기 말까지 상승폭은 섭씨 3도가 넘을 것이다. 하지만 그렇게 하지 않고 2020년부터 매년 약 2~3%씩 배출량을 줄이면[31] 에너지 부문의 총 배출량은 2065년까지 제로 밑으로 떨어지고 지구 온도 상승폭은 2070년경 섭씨 2도에 도달한 다음 그대로 유지될 것이다.[32] 이런 식으로 10년에 약 30%의 탄소오염 감소를 이루는 게 바로 우리가 필요로 하는 신속한 탈탄소화이다. 10년에 50%를 감소하면 더 좋겠지만, 30% 감소만 해도 효과가 있을 것이다.

이 책에서 보여주듯이 그것은 달성 가능한 목표이기는 하지만 지금 우리가 하는 방식으로는 안 된다. 또한 일련의 이른바 '기후안정화 쐐기'climate stabilization wedges를 하나씩 싸 맞추는(방향은 옳지만 지금 있는 기술을 이용해 한 단계씩 앞으로 나아가는) 방식으로도 목표를 달성할 수 없다.[33] 이러한 쐐기 방식이 제안된 이후 15년이 지났지만 쐐기 하나하나가 발전되지도 않았고, 전반적인 진전도 이루어지지 않았다. 방향을 바로잡고 사소한 진전에 만족할 것이 아니라 큰 그림에 집중해야 한다.[34]

관건은 화석연료 감축

토지 이용, 농업 및 산림의 변화는 기후에 중요한 영향을 미친다. 강철과 시멘트 생산도 마찬가지이다. 우리의 주요 관심사는 전력 생산을 위해 사용되는 화석연료의 단계적인 폐지이다. 탄소 배출량을 가장 빠르고 광범위하게 줄일 수 있는 방법이기 때문이다.[35] 운송과 난방에서의 배출 감소는 대부분 전기와 관계된다. 그래서 화석연료를 대체하는 과정에서 깨끗한 전기의 중요성은 더 절실해진다.

그렇다고 온실가스 감축을 위한 다른 분야에서의 노력을 소홀히 해도 좋다는 말은 아니다. 산림 파괴에서 산림 재생으로 전환하고, 농업의 관행을 광범위하게 개선하고, 모든 차량과 건물에 에너지효율화 조치를 시행하는 등의 노력이 필요하다. 우리는 이런 모든 노력을 지지한다. 하지만 여기서는 전기를 만들 때 탄소 배출 감축을 신속히 이루는데 초점을 두고자 한다.

전기를 측정하는데 사용하는 단위는 기술적인 용어들이라 간단히 요약해 정리한다. 와트W는 전력의 기본단위로 단위시간에 생산되거나 소비되는 에너지의 양을 나타낸다. 예전에는 100와트 표준 전구를 사용했다. 앞으로 자주 사용하는 단위는 킬로와트(kW, 1,000와트)가 될 것이다. 1시간 동안 사용된 kW는 1킬로와트시(kWh)이며, 이는 전기요금 청구서에 표시되는 에너지 단위이다. 미국에서는 평균 소매전기가격이 kWh당 10센트 정도이지만, 일부 지역에서는 그보다 두 배로도 나올 수 있다.[36] 이 가격은 발전비용이 절반 이상을 차지하고, 나머

전력량의 크기 순서대로 표시한 전기의 단위와 크기.

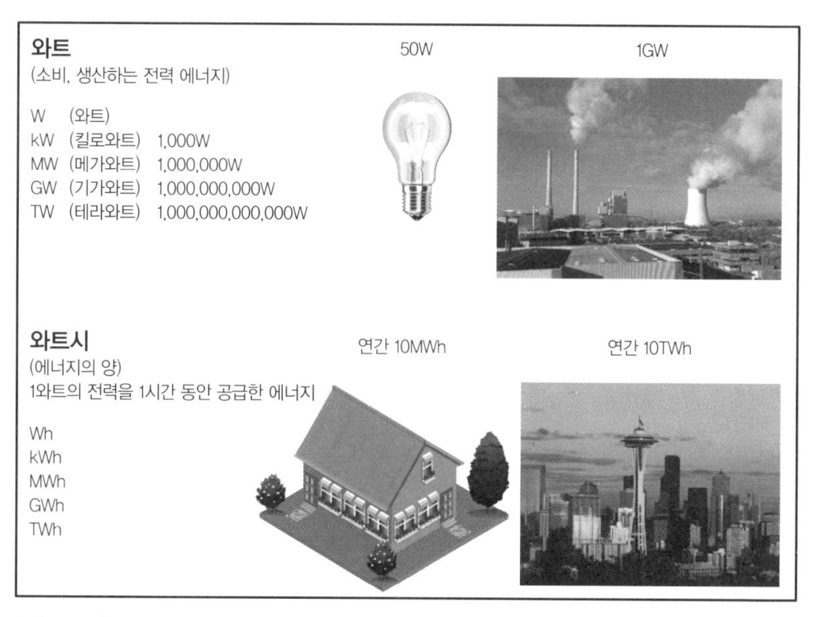

출처: Authors' graphic; Pickit 사진(photos).

지 송전 및 배전비용이 포함된다. 도매가격으로 발전비용이 kWh당 5센트 정도면 괜찮은 가격이다. 하지만 10센트나 20센트가 되면 경제적으로 경쟁력이 없어진다. 이러한 수치들은 앞으로 더 상세히 다룰 것이다. 더 큰 규모로는 발전소를 측정하는 단위로 기가와트(GW, 10억 와트)가 있다. 전력 생산량은 테라와트시(TWh, 10억 kWh)로 측정된다. 여기서는 전기에 대해 이야기하고 있기 때문에 별도로 언급하지 않는 한 GW(GWe로도 부른다) 같은 발전용량 단위는 전기 생산량을 나타내며, 전기를 생산할 때 발생하는 열에너지를 가리키는 것은 아니다.

요약하자면 이런 상황이다. 우리는 앞으로 닥칠 재앙을 피하기 위해 전 세계적으로 탄소 배출량을 연간 2~3%씩 급속하게 줄여야 한다. 그리고 이런 조치는 지금 당장 시작해야 한다.

세계 전체가 이런 시도를 한 적은 없지만, 몇몇 개별 국가들은 이를 실천하고 있다. 이들은 탄소 배출을 급격히 줄이는 게 가능하다는 사실을 보여주는 유일한 사례들이다. 우리는 이 사례들을 검토한 다음 같은 결과를 얻을 수 있는 다른 방법이 있는지 고려해 볼 것이다.

제2장

스웨덴의 길

급속한 탄소 배출 저감 정책에서 돋보이는 나라가 바로 스웨덴이다. 1970년부터 1990년까지 스웨덴은 총 탄소 배출량을 절반으로 줄이고 개인당 배출량은 60% 이상 감소시켰다. 그러면서 스웨덴 경제는 50% 성장하고, 전력 생산은 두 배 이상 증가했다.[1] 이런 일이 모두 1960년대 후반에 시작되었으며 기후변화에 대한 우려 때문에 그런 것이 아니었다. 1960년대 말에 스웨덴은 수력 발전 확대를 중단하기 시작했다. 아직 댐이 지어지지 않고 남아 있는 강들을 보호하기 위해서 내린 조치였다.[2]

당시에는 전기 수요의 계속적인 증가를 충족시킬 수 있는 에너지원이 명확하지 않았지만, 가장 유력한 후보는 석유였다. 그러나 1973년과

1979년에 있은 석유위기로 유가 급등과 공급 중단이 일어나자 스웨덴은 수입 화석연료에 대한 대안 개발에 나서기로 했다.

스웨덴은 석유 같은 화석연료 사용을 확대해 전기 수요를 충족시키는 대신, '원자력'kärnkraft이라 부르는 새로운 에너지원을 사용하는 발전소를 건설했다. 이 에너지원은 수력 발전과 마찬가지로 탄소를 배출하지 않으며, 수입 석유보다 저렴하고, 석탄보다 건강에 훨씬 덜 해롭고, 놀랍도록 농축되어 있다. 1파운드의 원자력 연료가 200만 파운드 넘는 석탄과 동일한 에너지를 생산한다! 또한, 전기생산 과정에서 생성되는

1970~1990년 스웨덴 GDP와 이산화탄소 배출량.

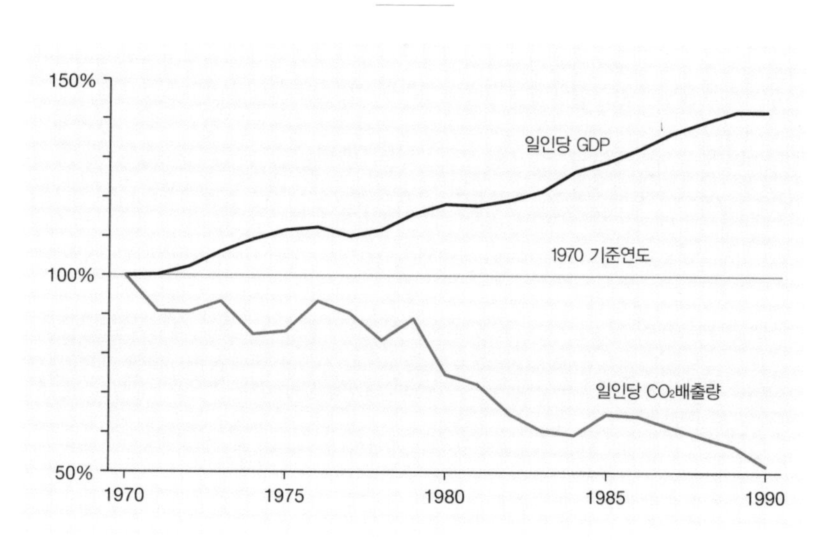

출처: World Bank, GDP in constant dollars, not purchasing-power-parity (PPP) adjusted.

유해 폐기물의 양은 석탄을 사용할 때보다 수천 배 이상 적고 메탄천연가스보다도 훨씬 적다.[3] 원자력과 화석연료 또는 재생에너지의 큰 차이는 원자력이 지닌 엄청난 에너지 농축이다. 원전 한 곳을 1년간 작동시키기 위해 필요한 연료는 트럭 한 대 분이면 된다. 비슷한 규모의 석탄발전소를 1년간 운영하기 위해 필요한 연료는 기차 화물칸 2만 5,000량을 채울 만한 분량이다.[4] 1백원짜리 동전 무게의 원자력에서 얻는 에너지의 양이 석탄 5톤을 태워서 얻는 에너지와 맞먹는다.[5] 원자력에서 방출하는 폐기물의 양과 화석연료에서 나오는 폐기물의 양도 같은 규모로 차이가 난다. 환경적인 면에서 보면 이처럼 놀라운 에너지 농축 때문에 오염 발생을 줄이면서 같은 양의 에너지를 얻을 수 있게 되는 것이다.[6]

스웨덴은 원자력을 통해 안정적이고 저렴하게 전기공급을 할 수 있게 되었다. 스웨덴은 화석연료 사용을 늘리지 않고도 에너지와 전기 사용을 매우 빠르게 확대할 수 있도록 했고, 나아가 기존의 화석연료 기반 에너지 공급체계를 폐기할 수 있도록 했다. 원자력의 확대와 함께 바이오매스biomass와 폐기물을 연료로 사용하는 지역난방 시스템이 발전되면서, 이전에 화석연료로 움직이던 여러 가지 일들이 청정에너지로 전환되었다.[7] 석유류로 얻는 전체 에너지 공급량은 40% 이상 감소했는데, 같은 기간 난방용 전기사용량은 5배로 증가했다.[8]

스웨덴은 1970년대와 1980년대 4곳에 원전 12기를 건설했으며, 이웃 나라 핀란드에도 몇 기의 원전을 건설했다. 원전 건설이 절정에 달한 1970년대에 스웨덴은 국민 1백만 명 당 1기 꼴로 원전을 건설했다. 지금의 중국이나 인도에 적용하면 이들 나라에서 각각 1,000기가 넘는 원전이 건설된 셈이다. 당시 스웨덴에 건설된 원전 가운데 8기는 지금도 가동되고 있다.(핀란드에서는 2기가 가동 중) 이 원전들이 스웨덴 전체 전기 수요의 40%를 생산하고 있으며, 이는 수력 발전으로 얻는 전기의 양과 같다. 나머지 전기는 주로 바이오 연료와 풍력으로 충당한다. 이 발전소들은 지금까지 큰 사고 없이 가동되어 왔고, 대부분의 다른 산업 현장에서 예상되는 사고 발생 건수보다 적다. 원전 사고로 인한 사망자는 한 명도 발생하지 않았다.(중대한 산업재해로 인한 사망자는 몇 명 있었으나 원자력과는 무관한 사고였다.) 오염물질이 대기 중으로 배출되지 않으니 그 때문에 숨이 막히는 일도 아예 일어나지 않았다.

이들 원전은 연중 생산용량의 평균 90% 정도가 가동되고 있고, 24시간 내내 안정적으로 전기를 생산할 수 있다.[9] 스웨덴 경제는 원전 시대를 맞아 값싼 산업용, 상업용, 주거용 전기를 이용해 번영을 구가했다. 스웨덴은 상대적으로 높은 일인당 에너지 사용량을 누리며, 북구의 추운 겨울을 따뜻하게 지낼 수 있게 되었다.

원전 4곳 중에서 가장 큰 것은 스웨덴 서해안에 위치한 링할스Ringhals 발전소이다. 150에이커(4분의 1 평방마일) 면적에서 일주일 24시간 내내 최대 4기가와트까지 전기를 생산할 수 있는 곳이다. 연평균 약 24테라와트시TWh의 전기가 생산된다.[10] 스웨덴의 다른 원자력발전소 포르스마크Forsmark와 오스카르샴Oskarshamn 발전소도 링할스와 마찬가지로 아름다운 해안지역에서 청결하고 조용하게 대량의 전기를 생산한다.

만약 같은 양의 전기를 다른 방법으로 생산한다면 어떻게 될까?[11] 링할스발전소를 석탄화력발전소로 대체하려면 매년 약 1,100만 톤의 석탄이 필요하게 되는데, 이를 기차 화물칸에 실을 경우 그 길이가 1,300마일이 넘고, 방사능을 포함한 유해 고체 폐기물(재, 수은 등) 2백만 톤 발생,[12] 그리고 엄청난 양의 재구름을 대기 중으로 방출하게 되는데, 매년 스웨덴 국민 700여명의 목숨을 빼앗아 갈 정도의 유해 물질들이다.[13] 또한 약 2,200만 톤의 이산화탄소를 배출해 기후변화를 가속화한다.[14] 석탄 채굴 노동자들이 사고로 목숨을 잃거나 진폐증을 앓을 수 있다. 노천채굴로 자연경관도 파괴될 것이다.

스웨덴 링할스발전소

사진: Courtesy of Annika Örnborg / Vattenfall.

석유로부터 같은 양의 전기를 얻으려면 석탄보다 비용이 훨씬 많이 든다. 그리고 오염이 조금 덜 되기는 하지만 그 차이는 미미하다. 링할스발전소를 대체하려면 연간 4,000만 배럴의 석유를 끌어올려서 운반해야 하는데, 초대형 유조선 20척이 필요한 양이다. 송유관 누출로 대규모 해양오염이 발생할 수도 있고, 유조 열차에서 기름이 샐 수도 있다. 석탄보다는 덜하지만 석유를 태워도 미세먼지가 발생하고, 연간 1,700만 톤의 이산화탄소를 대기로 배출한다. 석유 수출국에 지불되는 대금이 사악한 독재정권을 지탱하고 무력충돌을 부추길 수도 있다.

메탄(천연가스)은 미세먼지 면에서는 보다 깨끗하게 전기를 생산할 수 있다. 그래도 석탄에 비해 약 절반 정도의 이산화탄소를 배출한다. 원자력이 배출하는 이산화탄소는 거의 제로에 가깝다.[15] 메탄가스 채굴에는 '프래킹' 공법이 자주 사용되는데, 이는 독성 화학물질에 압력을 가해 암석층에 분사하는 공법이다. 그런데 이 화학물질이 때로 지하수를 오염시킨다. 메탄가스는 폭발성이 있어 자칫 건물이나 도심의 블록 전체가 치명적인 폭발로 인해 파괴될 수 있다. 스웨덴 같은 지역에 메탄을 대량으로 운반하기 위해서는 초저온으로 냉각시켜 액화 상태로 비용이 많이 드는 탱커로 운송해야 할 수도 있다. 또는 러시아로부터 파이프를 통해 공급받을 수도 있으나, 이럴 경우 지정학적인 문제를 겪을 수 있다.

풍력 발전으로도 연간 같은 양의 전기를 생산할 수 있다. 하지만 링할스발전소를 대체하려면 실제로 전력 생산용량의 약 3배가 필요하다. 이는 풍력 발전이 유동적이고 평균적으로 최대 생산용량의 약 3분 1만 생산하기 때문이다.[16] 링할스발전소에서 생산하는 양 만큼의 전력을 생산하려면, 스웨덴의 마크빅덴Markbygden에 건설될 예정인 풍력 발전소의 2배에 해당하는 발전용량이 필요하다. 마크빅덴발전소는 유럽에서 가장 큰 풍력 발전소 중 하나로 건설될 예정이다. 링할스발전소와 동일한 양의 에너지를 생산하기 위해 최신 마크빅덴 풍력 발전소 두 개를 짓는다는 것은 650피트 높이의 터빈 2,500기를 400평방마일에 걸쳐 세운다는 말이다. 하지만 풍력 발전소를 이렇게 지을 경우 연간 링할스발전소와 같은 양의 에너지를 생산할 수는 있지만, 생산량이 유동적이어서 전기를 수요보다 훨씬 많이 생산하거나 아니면 모자라게 생산하는 경우가 많을 것이다. 지금의 기술로는 생산한 전기를 쉽게 이용가능하고, 경제적인 면에서 실용적으로 저장할 방법이 없다.[17]

태양광 패널도 링할스발전소를 대체할 수 없다. 태양 전력이 불안정하지 않다고 하더라도, 링할스발전소에서 생산하는 4GW의 원자력 전력과 동일한 양의 전기를 생산하려면 약 20GW의 태양광 발전용량이 필요하다. 햇빛은 낮에만 비치고, 날씨가 매일 화창한 것도 아니기 때문이다. 스웨덴처럼 어두컴컴한 북유럽 국가에서는 에너지 수요가 가장 높은 겨울철에 태양광 전력이 거의 만들어지지 않는다. 그런데 20GW 규모의 태양광 단지는 상상하기 어렵다. 차지하는 면적만 해도 40~100평방마일에 이른다.[18] 오른편 1마일, 왼편 1마일에 걸쳐 태양전지solar cells가 늘어선 도로를 시속 65마일의 속도로 자동차를 운전한다고 상상해보자. 솔라 팜solar farms의 끝까지 도달하는데 1시간 30분은 걸릴 것이다. 기술적 수명 15년이 다하면 태양광 패널들은 독성물질과 함께 폐기 처분하고 새 패널로 교체해주어야 한다.

반면에 링할스원자력발전소에서 배출하는 연간 폐기물의 양은 발전소 수명 50년이 다한 다음 안전한 장소에 매립할 수 있는 수준에 그친다. 열차 화물칸 6량 정도, 혹은 15개의 화물 운송용 컨테이너 15개와 맞먹는 양이다. 그리고 폐기물 처리비용은 전기요금에 포함되어 있기 때문에 미래에 필요할 때 쓸 자금이 이미 확보되어 있는 것이다.[19]

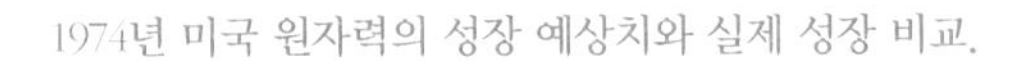

1974년 미국 원자력의 성장 예상치와 실제 성장 비교.

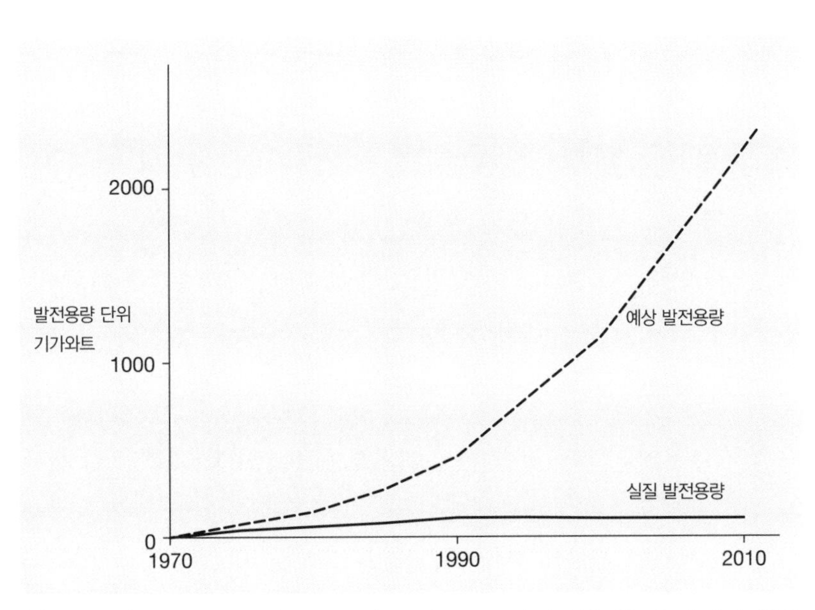

출처: Projection from US AEC, Proposed Environmental Impact Statement on the Liquid Metal Fast Breeder Reactor(1974). Actual growth data from Harold A. Feiveson, "A Skeptic's View of Nuclear Energy." Dædalus (Fall 2009): 63.

이러한 사정을 고려해 보면, 스웨덴이 원자력을 선택한 이유는 쉽게 알 수 있다. 기후변화의 심각성을 고려하기 전부터도 스웨덴은 석탄, 석유, 메탄가스, 풍력, 태양광보다 원자력이 우수하다고 판단했다. 추운 겨울을 에너지 부족으로 떨며 보내야 하는 나라로서 그런 판단을 하지 않을 수 없었다. 그렇게 함으로써 스웨덴은 역사상 가장 성공적인 저탄소 전기 생산국이 되었고, 기후변화 대응에 앞장서는 나라가 되었다.

하지만 스웨덴 혼자가 아니었다. 프랑스, 벨기에, 스위스도 거의 비슷하게 움직였다. 프랑스는 20년 동안 56기의 원전을 건설하고, 일인당 탄소 배출량을 미국의 70% 미만으로 유지하며, 유럽에서 가장 값싼 전기를 즐긴다.[20] 미국도 같은 길을 가기 시작했지만, 스웨덴이 발전을 가속화하던 시기에 갑자기 발길을 멈추었다.

지금도 원자력 발전은 미국이 소비하는 전체 전기의 5분의 1을 공급하고 있고, 청정 전기와 이산화탄소를 배출하지 않는 전기의 3분의 2를 원자력 발전으로 생산한다. 스웨덴과 마찬가지로, 미국에서도 원자력 발전으로 인해 일어난 사고는 없었으며(원자력 에너지원과 무관한 산업재해는 제외하고), 이산화탄소는 거의 배출되지 않았다.[21] 또한, 석탄을 연소했을 경우를 가정하면 수천 명의 생명을 구한 셈이다.(미국에서는 지금도 상당량의 전기생산을 석탄이 맡고 있다) 미국 전역에 거의 100기에 달하는 원자로가 자리 잡고 조용하고 깨끗한 전기를 24시간 공급하고 있다. 원유 유출이나 열차 사고, 가스 폭발, 석탄 탄광 사고, 치명적인 대기오염 같은 재해가 원자력발전소 때문에 발생하는 일은 없다.

제3장

독일의 길

스웨덴의 이웃인 독일은 매우 다른 길을 선택했다. 두 나라 모두 북유럽에 위치한 고도로 산업화된 국가이고 성공적인 경제를 누리고 있다. 일인당 GDP는 거의 동일하다. 그러나 스웨덴은 일인당 에너지 사용량이 독일보다 3분의 1 더 많다. 그런데도 일인당 이산화탄소 오염 배출량은 독일이 스웨덴의 약 두 배에 달한다. 왜 그럴까?

독일은 대규모 재생에너지 생산 시설(풍력 및 태양광 발전) 설치를 통한 녹색 에너지 전환Energiewende 정책으로 많은 찬사를 받았다. 그러나 이 접근방식이 세계적인 관심사가 된 급격한 탄소 배출 감소 필요성과 부합하는지는 의문이다. 지난 10년 동안 독일은 재생에너지 생산량을 두 배 정도 늘리며 인상적인 성과를 거두었다. 2016년에는 재생에너지가 전체 발전량의 4분의 1 넘게 차지하고 전체 에너지 생산량의 거의 15%를 차지했다.

그러나 주목해야 할 문제가 있었다. 독일은 재생에너지를 두 배로 늘리면서 원자력 발전을 거의 같은 비율로 축소시켰다. 그러다 보니 탄소를 배출하지 않는 에너지원을 다른 에너지원으로 바꾼 셈이 되었고, 이산화탄소 배출량은 전혀 감소하지 않았다. 실제로는 최근 몇 년간 탄소 배출량이 약간 증가했다. 그리고 이런 추세는 앞으로 몇 년 동안 계속될 예정인데, 왜냐하면 2011년 일본의 후쿠시마 원전 사고 이후 독일은 몇

독일과 스웨덴의 탄소 배출량 비교.

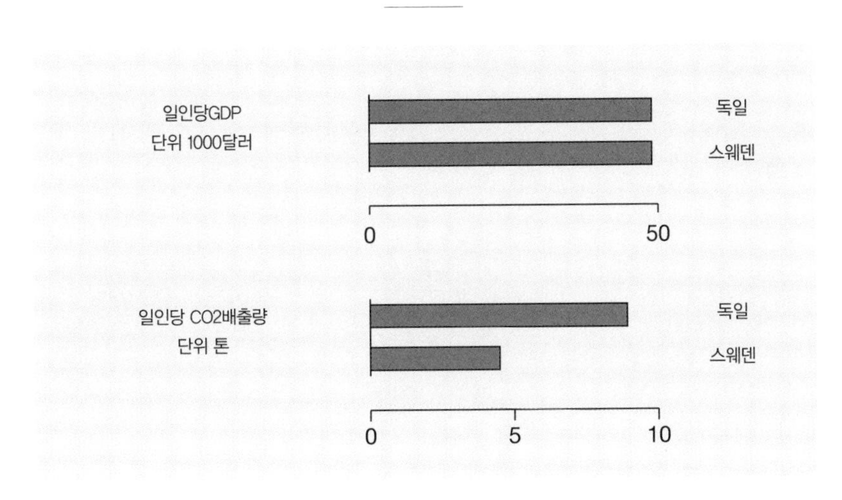

출처: GDP: World Bank (PPP), 2016; 이산화탄소: Carbon Dioxide Information Analysis Center, 2014.

년에 걸쳐 남은 원자력발전소들을 단계적으로 폐쇄해 나갔기 때문이다. 독일은 탄소 배출을 신속히 감소시켜야만 하는 소중한 시간을 잃어버린 10년으로 만들어버렸다.

독일의 에너지는 여전히 화석연료, 특히 석탄에 의존하고 있고, 그것도 보통 석탄이 아니라 매우 고약한 이산화탄소를 다량 배출하는 유연탄인 리그나이트갈탄를 사용한다. 전력 생산에서 리그나이트가 4분의 1을 공급하고, 석탄 전체가 차지하는 비율은 전체 전력의 40%이다. 재생에너지는 29%로 증가한 반면, 원자력 발전은 13%로 줄였다.[1] 석탄이 계속 태워지고 있는 것이다. 독일의 온실가스 배출량은 매년 10억 톤 정

독일의 전력 연료믹스, 2017년.

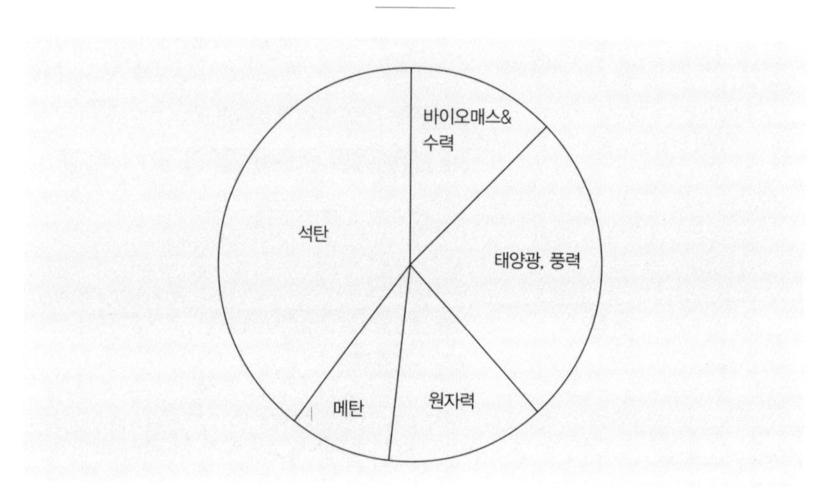

출처: Fraunhofer ISE Energy Charts.

도로 유지되고 있다.[2] 만약 독일이 재생에너지로 원자력 발전을 대체하는 게 아니라 석탄을 대체했더라면 이산화탄소 배출 현황은 크게 달라졌을 것이다.

독일의 3대 석탄화력발전소 모두 리그나이트를 태우고 있다. 그중 하나인 옌슈발데발전소는 스웨덴의 링할스원자력발전소에서 약 640킬로미터 남쪽에 위치해 있다. 옌슈발데에서는 인근 노천광산에서 채굴된 석탄이 기차로 운반되어 물을 끓이고 증기터빈을 가동하는데 사용된다. 생산된 전기는 독일의 전력망으로 보내지는데, 독일 전력망은 북유럽 전력망과 통합되어 있다. 사정이 좋은 경우 이 발전소에서는 링할스발전소와 거의 같은 양(연간 20TWh)의 전기를 생산한다. 하지만 전력 생산 방식은 극명하게 다르다.[3]

옌슈발데발전소는 방대한 양의 석탄을 태우고 막대한 양의 이산화탄소를 배출한다. 평균적으로 하루에 적어도 5만 톤의 저질 석탄을 연소시킨다.[4] 이 석탄을 화물열차 칸에 실을 경우 그 길이는 5마일에 달할 것이다. 만약 석탄으로 코끼리 모형을 만든 다음 연소시켜 물을 끓일 경우, 약 1만 마리의 코끼리 모형이 대형 화구 안으로 들여보내질 것이다.

그리고 이튿날 또 5마일에 달하는 석탄을 실은 화물열차가 들어오거나 1만 마리의 석탄 코끼리 모형이 화구로 들여보내지는 것이다. 또한 매일 6만 톤이 넘는 이산화탄소가 포집되거나 저장되지 않고 그대로 대기로 배출된다.[5] 이 석탄발전소 한 곳에서 내뿜는 대기오염으로 인한 사망자 수가 연간 약 700명에 이르고, 그밖에도 6,500명이 심각한 질병에

출처: Courtesy of Hanno Böck.

갈탄을 캐내는 독일의 노천 광산. 뒤로 옌슈발데 화력발전소가 보인다.

시달리고 있다.[6] 독일에는 비슷한 규모의 리그나이트 발전소 두 곳이 더 있고, 그보다 작은 규모의 리그나이트 발전소가 여러 곳 있다.

옌슈발데발전소는 세계자연보호기금WWF이 작성한 유럽에서 가장 오염을 많이 일으키는 발전소 목록에서 전기생산 단위별 이산화탄소 배출량에서 4위에 올랐다. 상위 10개 중 6개를 독일 발전소가 차지했다.[7] 2016년 독일 경제에너지부 장관은 리그나이트 사용이 2040년 이후까지 계속될 것이라고 전망했다.[8] 옌슈발데발전소를 소유한 회사는 석탄을 에너지 전환Energiewende에 필수적인 요소로 생각하며 이렇게 말했다. "2022년까지 재생에너지를 확대하고 원자력 에너지를 퇴출시키는 것은 에너지 전환의 두 가지 핵심 목표이다. 우리 리그나이트 발전소들은 이런 과정을 밟아나가고 있다. 한편으로는 신뢰할 수 있는 전력을 종일 공급하고, 다른 한편으로는 재생에너지의 사정에 맞춰 유연하게 자체 생산량을 조절할 수 있다. 이들 재생에너지 전기에는 전력망 이용에 우선권을 준다."[9]

2015년 당시 옌슈발데발전소 모기업의 어느 고위임원은 20GW에서 50GW에 달하는 기저부하 발전baseload generation 수요를 충당하는데 있어서 석탄의 역할에 대해 이렇게 말했다. "원자력발전소는 몇 년 안에 자취를 감추고, 리그나이트 발전소와 무연탄화력발전소만 남아서 기저부하 발전을 담당하게 될 것이다. 현재 독일 리그나이트 발전소들의 발전설비용량이 약 20GW에 달하는데, 나는 이 수준을 장기적으로 유지해야 한다고 확신한다. 리그나이트 발전소는 앞으로 40~50년 동안 미래 에너지믹스에서 중요한 역할을 계속 맡게 될 것이다."[10]

풍력과 태양광

독일은 국가경제를 재생에너지로 전환하는 정책을 채택했다. 만약 먼저 화석연료를 신속하게 감축하고, 그 다음 원자력을 재생에너지로 전환하기로 했더라면, 이 정책은 지지를 받을 수 있었을지도 모른다. 하지만 독일은 청정에너지인 풍력과 태양광을 늘리면서 동시에 청정에너지인 원자력을 줄였기 때문에 제자리걸음을 걷게 된 것이다.

풍력과 태양광 발전은 놀라운 기술이기는 하지만, 에너지 시스템에서 차지하는 비중이 아주 작은 수준에서 시작했고, 지금까지 화석연료를 신속히 대체하지 못하고 있다. 풍력과 태양광은 집중된 에너지원인 석탄, 특히 원자력과 달리 분산되어 있다. 그리고 변동성과 불확실성을 내포하고 있다.

프랑스의 태양광 발전시설.
이곳처럼 독일의 모이로태양광도 부지 면적을 넓게 차지한다.

사진: Mike Fouque / Shutterstock.

유럽 내 최대 태양광 발전시설인 독일의 모이로 태양광 단지Solarpark Meuro를 보자. 이곳은 갈탄을 채굴하던 폐광지역으로 부지 면적이 500에이커에 달한다. 폐광을 재활용한 모범 사례로 166메가와트MW의 태양광 단지를 지어 탄소를 거의 배출하지 않고 전기를 생산한다.[11]

하지만 규모와 타이밍이라는 두 가지 면에서 문제가 있다. 모이로 태양광 발전소가 유럽에서 가장 넓은 부지를 차지하는 태양광 단지이지만, 최대 발전용량이 링할스발전소나 옌슈발데발전소 중 한 곳의 수준에 이르려면 같은 규모의 태양광 단지 20개가 필요하다. 더 심각한 문제는 이 최대 발전용량은 가장 좋은 계절, 가장 좋은 날씨, 가장 좋은 시간대에만 도달할 수 있다는 점이다. 매일 밤시간과 겨울, 흐린 날씨에는 전기 생산량이 거의 제로가 된다.

대략적으로 말해 원자력 발전은 1년 통틀어 평균적으로 발전용량의 80~90%를 생산하고, 석탄 발전은 50~60%, 태양전지는 20% 정도를 생산한다. 따라서 옌슈발데석탄발전소 한 곳에서 실제로 생산한 만큼의 전기를 얻으려면 모이로Meuro태양광 단지 70개가 필요하다. 태양광 건설단가가 낮아짐에 따라, 언젠가 독일은 대형 태양광 발전단지 70곳을 실제로 지을 수 있게 되고, 심지어 옌슈발데석탄발전소를 대체하는 정도가 아니라, 원자력발전소를 대체할 수 있게 될 수도 있을 것이다. 하지만 그럼에도 불구하고, 그 태양광 전력은 필요한 때 사용하지 못할 수 있기 때문에 화석연료로부터 얻는 예비전력이 여전히 필요할 것이다. 분명히 말하지만, 이러한 접근방식은 신속한 탈탄소화를 달성해 줄 해결책이 아니다.

독일의 경우에는 풍력이 태양광보다 더 중요하다. 최근 몇 년간 많은 풍력 터빈이 건설되었는데, 대부분 연안 대신 육상에 설치되었다. 육상 건설이 비용이 더 적게 들기 때문이다. 독일은 옌슈발데발전소와 견줄 만한 대규모 풍력 발전단지를 보유하고 있지 않지만, 접경국가 루마니아에 유럽 최대 규모 풍력 발전 프로젝트인 판타넬레-코제알락Fantanele-Cogealac 풍력 발전단지 건설에 나설 수 있었다. 판타넬레-코제알락 프로젝트는 2008년에 시작돼 2012년까지 진행되었다.

유럽 최대 풍력단지인 루마니아의 판타넬레-코제알락 풍력 발전소.

사진: Courtesy of ČEZ.

이 루마니아 풍력 발전소는 부지 면적이 2,700에이커에 이르며, 뉴욕 센트럴파크의 3배 크기이다. 240개의 풍력 터빈은 각각 50층짜리 초고층 빌딩만큼의 높이를 갖고 있고, 회전날개의 지름이 30층 건물 높이에 달한다.[12] 이 강철과 콘크리트 시설로 얼마나 많은 전기를 생산할 수 있을까? 최대 생산용량은 600MW로 옌슈발데의 6분의 1 정도이다. 풍력은 일조량에 좌우되는 태양광 발전에 비해 조금 더 신뢰할 수 있기는 하지만, 2013년 생산량은 최대 생산용량의 25% 미만에 그쳤다.[13] 따라서 옌슈발데발전소 만한 발전량을 달성하려면 현대적인 최첨단 풍력 터빈을 장착한 이런 규모의 풍력 발전소 15개 정도가 필요하다.[14] 그나마도 필요한 때 전기를 생산하는 게 아니라, 가변적으로, 어떤 때는 너무 많이 생산하고, 또 어떤 때는 너무 적게 생산한다.

독일에서는 바람이 다소 불안정한 요소로 작용해왔다. 2015년부터 2016년까지 독일은 풍력 에너지 용량을 10% 늘렸지만, 실제로 풍력 에너지로 생산한 전기량이 증가한 것은 1% 미만에 그쳤다. 그 해 바람이 많이 불지 않았기 때문이다.

2017년에 독일은 태양광 에너지와 풍력 에너지를 전력망에 통합했으나, 각각 전체 발전량의 7%와 12%를 차지하는데 불과했다. 100%와는 크게 동떨어진 수치였고, 그로 인해 전력망의 안정성에 심각한 영향을 미치기 시작했다. 독일의 전력망 운영자는 "전력망에 큰 부담이 가해지고 있다."고 했다. 태양광 에너지와 풍력 에너지 발전량은 때에 따라 제로 수준으로 내려갔다가, 또 어떤 때는 필요한 수요를 초과하는 수준으로 급등했다. 석탄 발전과 원자력 발전의 생산량을 단기간 큰 폭으로 감축했음에도 그런 과다공급 현상이 발생했다. 2017년에는 100회 이상, 때로는 하루 한번 이상 전력가격이 음수값(마이너스)으로 바뀌는 경우가 있었다.

전력망 운영자들은 과부하를 피하기 위해 대규모 전력 사용자에게 kWh당 6센트(10센트 가까이 지원한 적도 있음)까지 전기요금을 지원해 주었다.[15] 하지만 아무래도 가까운 시일 내에 거대 용량을 가진 저렴한 배터리가 발명되지 않는 한, 풍력 발전과 태양광 발전에 의존하는데서 생기는 이런 불안정성은 더 악화될 것이다.

대규모 지역통합 전력망이 있다면, 공급 불균형이 국가 간에 조정될 수 있을 것으로 생각할 수도 있다. '어디선가는 바람이 불고, 또 어디선가는 태양이 빛날 것'이라는 관점에서 본다면 그렇게 생각할 수도 있을 것이다. 하지만 2013년 유럽의 11개 주요 풍력 전기 생산국과 5개 주요 태양광 전기 생산국을 분석한 결과 다음과 같은 수치가 나왔다. 유럽대륙 전역에서 풍력 발전이 발전용량의 단 6%만 전기를 생산한 시간이 48시간, 태양광 발전이 발전용량의 3%만 전기를 생산한 시간은 한 달, 그리고 풍력 발전과 태양광 발전을 모두 합쳐서 발전용량의 10% 미만 전기를 생산한 시간이 일주일에 달한다는 것이다.[16]

그 한 주 동안 유럽대륙에 100% 재생에너지로 전기를 공급하기 위해서는 대규모 예비 발전시설을 건설한 다음 연중 대부분의 시간 동안에는 가동하지 않고 놀려야 한다. 아니면 화석연료로 전기를 생산하는 인프라를 광범위하게 구축해놓고 재생에너지 전기 생산량이 감소하는 기간 동안 유럽의 전기수요 거의 대부분을 공급할 수 있도록 해야 한다.

전력의 연속성이 보장되지 않는 이런 간헐성intermittency 문제 외에도, 독일은 본격적인 재생에너지 전기시설 확대에 나섰지만 스웨덴이 그보다 수십 년 앞서 원자력 발전을 확대할 때의 속도를 따라가지 못했다. 독일에서 재생에너지 전기를 빠르게 확대하던 시기(2010년~2011년)에 GDP 대비 확장비율은 스웨덴이 청정에너지를 본격적으로 확장하던 시기와 비교하면 3분의 1이 채 되지 않았다. 이 10년 동안 스웨덴은 원전 발전이 국내 피크타임 발전량 전체의 7분의 1을 차지하도록 만들었다. 이는 독일의 에너지 전환 모델을 사용하면 100년 걸릴 일을 스웨덴의 원자력 발전 모델을 사용하면 20년 안에 달성할 수 있다는 말이다. 그리고 세계는 지금 100년을 기다릴 시간여유가 없다.

독일의 경험에서 몇 가지 결론을 이끌어낼 수 있다. 첫째, 국가는 오염물질을 내뿜는 대규모 석탄발전소들을 폐쇄하고, 풍력과 태양광 발전 건설처럼 사용가능한 자원을 총동원해 신속한 탄소 배출 저감이라는 목표 달성에 나서야 한다. 둘째, 재생에너지 발전을 에너지믹스에 추가하는 것은 좋은 일이지만, 재생에너지 발전만 가지고는 신속한 탄소 배출 저감 목표를 달성할 수 없다. 간헐성 문제 때문에 특히 더 그렇다. 셋째, 원자력발전소 폐쇄는 석탄발전소 폐쇄와 직접적인 경쟁관계에 놓여 있다. 원자력전기 1기가와트가 사라지는 것은 화석전기 1기가와트가 계속 만들어진다는 의미이다.

출처: Generation data for all countries are from British Petroleum, BP Statistical Review of World Energy (2017). Population and GDP data in constant 2005 dollars are from WBD, World Development Indicators (2018). Gross nuclear generation values from BP are reduced 4.1 percent to obtain net values.

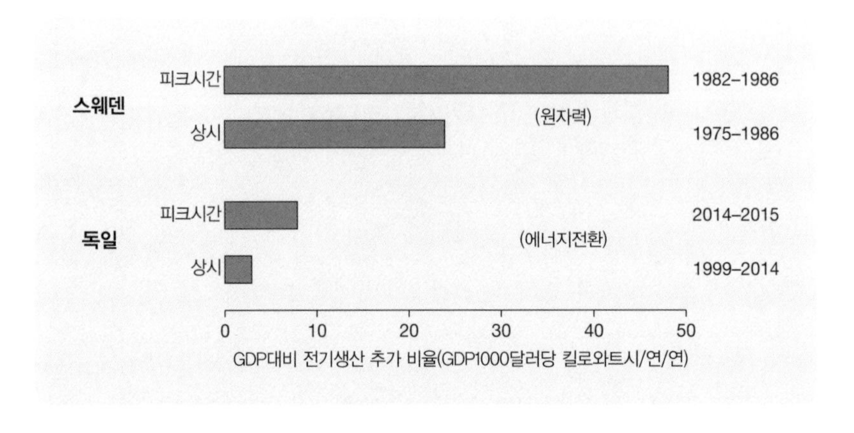

독일과 스웨덴의 피크시간대 GDP 대비 청정에너지 추가 비율.

독일은 이러한 교훈을 배우지 못한 탓에 경제활동 대비 이산화탄소 배출량이 스웨덴보다 두 배나 더 많게 되었다. 독일은 녹색경제를 말로만 하는 반면, 스웨덴은 이를 실제로 행동에 옮기는 것이다.

스웨덴은 독일과 달리 원자력 발전과 재생에너지 발전을 모두 사용한다는 점이 바로 두 나라의 가장 큰 차이점이다. 스웨덴은 수력 발전과 원자력 발전이 동등한 비중을 차지하고, 거기에 풍력 발전 비중을 점차 늘리고, 지역난방에 친환경 바이오매스biomass 열병합발전소를 활용한다. 이러한 접근방식은 기후변화 문제를 해결하기 위해서는 가능한 모든 수단을 동원해야 하며, 우리가 좋아하는 것만 선택하는 사치를 부릴 여유가 없다는 것을 의미한다. 한두 가지 방법만으로는 문제를 해결할 수 없기 때문이다.

스웨덴이 실행하는 원자력nuclear power과 재생가능한 에너지renewables의 조합을 합쳐서 '누어블'nuables이라고 부를 수 있겠다. 이를 통해 문제해결에 한걸음 더 다가갈 수 있다. '누어블은 곧 두어블'.(Nuables are doable) '누어블'이 바로 실행가능한 해결책이다.

A BRIGHT FUTURE

PART 02

절반의 해결책

Half Measures

우리는 지금 에너지 절약,
재생에너지 확대, 석탄에서 메탄가스로의
전환 등의 노력을 하고 있다.
방향은 옳다. 하지만 이런 노력만 가지고는
신속한 탄소 배출 저감이라는
목표를 달성할 수 없다.

제4장

더 깨끗한 에너지가 답이다

스웨덴은 세계에서 일인당 에너지 소비가 높은 상위 10개국에 든다.[1] 그리고 산업, 상업, 교통, 그리고 매우 추운 겨울과 함께 현대적이고 도시화된 나라이다. 그러면서 스웨덴은 전력망에서 탄소 배출을 성공적으로 줄여왔다. 에너지 절약과 효율화는 잘 진행되고 있다. 스웨덴의 일인당 에너지 사용 수준이 높다는 사실은 탄소 배출을 줄이는데 있어서 에너지 사용을 줄이는 것이 능사가 아님을 보여준다.

실제로 전 세계의 부유한 선진국들은 대부분 화석연료에서 얻는 많은 양의 에너지를 사용한다. 그 가운데서도 미국과 호주 같은 나라는 일인당 에너지 사용량이 좀 더 많고, 일본과 영국은 그보다 조금 더 적게

사용한다. 미국인은 일본인들보다 더 큰 차를 타고, 기차보다 자동차를 더 많이 이용한다. 그리고 더 큰 집에 살며 겨울에는 따뜻하고 여름에는 시원하게 지낸다. 그러다 보니 미국인들은 에너지효율이 높은 나라 국민들보다 더 많은 탄소 오염물질을 배출한다. 그러나 미국과 호주가 일본과 영국처럼 에너지를 절약한다고 기후위기가 해결되지는 않는다.[2]

물론 기술 발전으로 미국을 포함한 선진국들이 에너지효율성을 향상시킬 수 있게 되었고, 경제성장을 계속하면서도 탄소 배출량이 증가하지 않도록 멈추고, 심지어 조금씩 줄일 수 있게 되었다. 백열등을 대체한 형광등을 LED 전구가 대체했다. 자동차용 휘발유의 연비는 계속 좋아지고 있다. 가정에는 스마트 온도 조절장치가 필요한 때와 장소를 찾아 열을 공급한다. 항공기 엔진은 이전보다 연료를 적게 쓴다.

그러나 에너지효율화를 통해 탄소 배출량을 줄이는 것만 가지고는 안 된다. 우리에게 필요한 것은 신속한 탄소 배출 저감인데, 에너지 절약만으로는 그 목표를 달성할 수 없다. 에너지 소비를 그 정도로 줄이려면 극심한 경기침체를 겪거나 소행성 충돌 같은 엄청난 일이 일어나 인류를 멸망시키다시피 해야 가능하다. 답은 에너지 절약에 있는 게 아니라 더 깨끗한 에너지를 만드는데 있다.[3] 우리가 원하는 미래는 '블레이드 러너'Blade Runner가 아니라, '스타 트렉'Star Trek의 미래이다.

물론 도움이 될 만안 일은 다 필요하고, 에너지 절약도 분명 도움이 된다. 그러니 재활용에 동참하고 자전거를 타고 채식주의자가 되는 것도 좋다. 하지만 그런 방법만 가지고 문제를 해결할 수 있다고 생각하지

말자는 것이다.[4] 핸드폰 충전기를 사용하지 않을 때 플러그를 빼놓으면 자동차를 1초 운전하는데 쓰이는 만큼의 에너지를 절약할 수 있다.[5] 사람들이 실내온도를 낮추는 것 같은 행동은 개인적인 차원에서는 의미가 있다. 하지만 이런 개인 차원의 행동은 개인적인 노력과 관심이 있어야 하는 일이기는 하지만, 기본적으로 개인적인 만족에 그치는 일들이다. 극단적으로 말하자면, 많은 미국인이 휘발유를 들이마시듯이 하는 SUV를 타고 가서 재활용쓰레기를 버리고는 환경문제 해결에 자기도 일조했다고 생각하는 것이다. 개인 차원의 이런 행동 변화들이 모여 전 세계적인 환경문제를 해결할 수 있다는 식의 생각이 지난 수십 년 동안 환경운동가들 사이에서 유행했다.(1970년대에 지미 카터 대통령은 겨울에 스웨터를 껴입고 백악관의 실내온도를 낮추는 일에 앞장섰다.) 하지만 이런 접근방법은 실제로 전 세계의 탄소 배출을 줄이는데 거의 영향을 미치지 못했다.

그리고 '리바운드 효과'rebound effect가 어느 정도인지 정확하게 말할 수는 없지만 에너지효율화 조치의 효과를 감소시키는 역할도 한다.[6] 자동차를 비롯한 여러 장비들이 에너지효율화가 될수록, 사람들에게는 이들을 더 많이 이용하려는 동기가 생기게 된다. 예를 들어, 미국의 자동차 선단은 연비가 점점 더 좋아졌지만, 동시에 미국인들은 더 많은 차량을 더 장시간 운행해 1990년대보다 훨씬 많은 양의 연료를 소비한다. 자동차들이 그때보다 훨씬 더 연료효율화를 이루었는데도 그렇다.[7] 앞으로 자율주행차가 나와 연료효율화를 더 발전시키겠지만, 그러면 출퇴근이 더 쉬워지고, 그로 인해 사람들은 더 먼 거리를 출퇴근 하고 싶어질 것이다. 전반적으로 보면, 에너지효율화는 부유한 국가들에서 에너지 사용 증가세를 늦추고, 나아가 다소나마 줄이는데 긍정적인 영향을 미쳤다. 물론 감소 속도가 아주 빠르거나 큰 폭으로 진행된 것은 아니다. 물론, 에너지효율화 덕분에 사람들은 전체 에너지 사용량을 '증가시키지 않으면서'도 삶의 질을 향상시킬 수 있게 되었다. 하지만 이것은 탄소 배출 감소를 가져오지 않는다.

더 큰 문제는 부국들이 경제에서 빠른 속도로 에너지효율을 극대화하는데 반해 빈국들에서는 에너지 사용량이 빠르게 증가하고 있다는 사실이다. 가난한 나라들의 일인당 에너지 사용량은 부자 나라의 약 10분의 1 수준에 불과하기 때문에 늘어날 여지가 많다. 에너지 사용량이 이렇게 느는 것은 수십억 명을 빈곤에서 벗어나게 하고, 수십억 명의 삶을 개선해 주기 때문에 좋은 일이다. 하지만 이는 기존의 화석연료를 다른 에너지원으로 대체하고, 탄소 배출이 없는 에너지원으로 새로운 에너지 수요를 충족시켜야 한다는 말이기도 하다.

빈곤한 나라에 사는 사람의 수가 부유한 나라 사람 수보다 훨씬 더 많고, 이들 모두 더 부유해지고 싶어 한다. 그들은 더 많은 에너지를 쓰고 싶어 하며, 도덕적으로 그럴 권리가 있다. 에너지는 사람들을 극빈에서 벗어나게 하는데 도움을 준다. 중국은 에너지 사용량(이산화탄소 오염도 함께)이 급격히 늘어나면서 수억 명이 가난에서 벗어나 안락한 생활을 누릴 수 있게 되었다. 지금의 선진 산업국가들도 지난 2세기 동안 같은 과정을 겪었으며, 지금 대기를 과도하게 오염시키고 있는 이산화탄소는 그 나라들이 배출해낸 것이다. 이제 더 이상 탄소를 배출해 낼 공간이 없으니 가난한 나라들은 계속 가난한 상태로 머물러 있으라고 말하는 것은 도덕적으로 옳지 않을 뿐만 아니라, 그렇게 막을 방법도 없다.

인도 인구는 10억 명이 훨씬 넘고, 이들에게는 전기, 깨끗한 물, 냉장식품, 에어컨, 자동차, 주택, 병원 등이 필요하다. 2030년이 되면 인도 한 나라에서 에어컨용만으로도 150기가와트의 전기수요가 예상된다. 중국이 최근 15년 동안 에어컨 수가 2억 대 이상 늘어나 필요한 전기수요가 200기가와트 이상 늘어난 것과 판박이로 닮았다.[8] 인도와 중국을 중심으로 전 세계적으로 현재 약 700기가와트인 에어컨 전기수요는 2050년이 되면 2,300기가와트 이상 늘어날 것으로 예상된다. 이때까지는 세계가 탈탄소화를 이루어야 한다.[9] 원자력발전소나 석탄발전소는 일반적으로 발전용량이 몇 기가와트에 불과하다. 재생에너지발전소의 설비용량은 그보다 훨씬 더 적다. 실로 충격적인 수치들이다. 에어컨 보급이 이렇게 늘어나면 덥고 습한 나라에 사는 사람들의 삶과 건강이 크게 향상될 것이다.

그런데 아시아, 아프리카, 라틴아메리카 국가들 모두 중국이 이룬 에너지 집약적인 발전을 원한다. 30년 후에는 전 세계적으로 모든 형태의 에너지 소비가 지금보다 50% 정도 더 늘어날 것으로 예상된다. 우리가 어떤 형태의 에너지효율 노력을 성공적으로 이행해 내더라도 따라잡을 수 없는 수준으로 에너지 소비가 늘어나는 것이다. 그리고 이러한 에너지 소비 증가는 대부분 가난한 나라에서 일어나게 될 것이다.[10]

출처: US Energy Information Agency, International Energy Outlook, 2017.

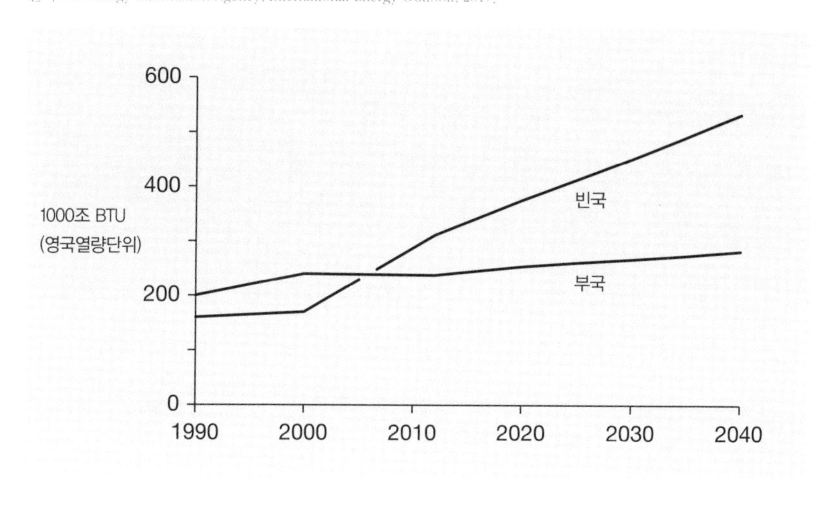

OECD 회원국가와 비非 OECD 국가들의 예상 에너지 소비량 비교.

전 세계적으로 10억 명 이상이 전기를 사용하지 못하고 있고, 그 중 4분의 1이 인도에 살고 있다. 세계인구 증가와 함께 전력망 보급도 더 많은 지역으로 확대되고 있어 전기를 쓰지 못하는 사람의 수는 점차 감소하고 있다. 처음으로 전기를 이용하는 사람의 수가 매년 1억 명에 육박한다.[11] 따라서 매년 인도에서 2,500만 명, 전 세계적으로는 7,500만 명의 신규 전기 소비자를 위해 새로운 전력 공급원을 찾아야 한다. 일정한 킬로와트시kilowatt-hours로 우리가 누릴 수 있는 상품과 서비스의 양이 늘고 있기는 하지만, 그렇더라도 전 세계적으로 필요로 하는 킬로와트시의 총량은 2050년까지 대략 두 배로 늘어날 것이다. 이렇게 늘어나는 전기수요의 거의 4분의 3은 빈국들에서 생겨날 것이다.[12] 그 전기를 어디서 만들어낼 것인가?

추가로 전기를 얻는 제일 저렴하고 빠르고, 실용적인 방법이 석탄발전소 건설이라면 많은 나라들이 그렇게 할 것이다. 가난한 나라들은 실제로 그렇게 하고 있고, 지금도 수백 개의 석탄발전소가 새로 건설되고 있다. 인도는 대규모 태양광 단지인 솔라 팜solar farms을 설치하고 있지만, 그 효과는 석탄 발전의 수요 증가속도를 늦추는 정도에 불과하다. 그린피스Greenpeace가 2014년 인도의 한 마을에 40만 달러짜리 태양광 마이크로그리드microgrid를 설치했는데 마을사람들의 전기 사용량이 늘어나며 배터리가 충분한 저장용량을 제공해주지 못했다. 그린피스 측은 주민들에게 전기밥솥, 온수기, 난방기, 전기다리미, 에어쿨러 등의 사용을 자제해 에너지를 절약하자는 포스터를 붙였다. 그러자 주민들은 "우리는 가짜 전기가 아니라 진짜 전기를 원한다!"고 항의하고 나섰고, 이후 그 마을은 태양광 발전 전기요금의 3분의 1 가격으로 석탄 발전 전력망에 편입되었다.[13]

2017년에 인도 정부는 이렇게 밝혔다. "재생에너지와 원자력을 늘리는 계획을 갖고 있다고 해도 현재 우리의 에너지 부문 현실은 전체 전력의 약 4분의 3을 석탄발전소에서 생산하고 있고, 이러한 상황은 앞으로 몇 십 년 동안 크게 바뀌지 않을 것이다. 따라서 국내의 석탄 생산을 늘리는 것이 중요하다."[14] 만약 우리가 개발도상국가들에서 가동하는 석탄발전소로 인해 이산화탄소가 크게 증가하는 것을 원치 않는다면, 석

사진: Courtesy of Ibrahim Malik.

전기가 들어오지 않는 마을의 인도 주민들이
수작업으로 사탕수수를 손질해 먹거리를 만들고 있다. 2015년.

탄발전소 만큼 저렴하고 빠르고, 실용적인 더 나은 대안을 마련해야 한다. 인도 같은 나라에게 에너지 사용을 늘리지 말라고 요구할 수는 없다. 10억 명이 넘는 인구를 가진 나라에게 '지구가 감당할 수 있는 탄소를 이미 다 태웠으니 당신들은 전기를 쓸 수 없다'고 말할 수는 없다.[15] 이제 세계가 할 일은 에너지 사용을 줄이는 게 아니라, 다른 종류의 에너지를 만들어내는 것이다.

인도 국민 한 명이 미국 평균 소비자가 쓰는 전기의 10분의 1을 사용한다고 가정할 경우 매년 1억 명을 추가로 전력망에 연결하려면 연간 130테라와트시TWh의 추가 전력 생산이 필요하다.[16] 이는 스웨덴 최대 원자력발전소인 링할스발전소(제2장 참조) 생산량의 약 5배, 독일 옌슈발데발전소(제3장 참조) 같은 대형 석탄발전소 6개의 발전량을 합친 정도이다. 매년 새로 생겨나는 전력 소비자들이 필요로 하는 전기량이 그렇다는 것이다. 물론, 가난한 나라의 기존 소비자들도 더 많은 전기를 절실하게 원한다. 화석연료가 아니라면 어디서 그만한 전기를 얻는다는 말인가?

인구 증가와 기후변화

미국의 환경운동가를 비롯해 부유한 나라 사람들이 갖고 있는 일반적인 오해 가운데 하나가 바로 세계 인구 증가가 기후변화를 부른 주요 요인이라는 주장이다. 사실은 인구 증가가 아니라 일인당 에너지 사용량의 증가가 탄소 배출을 증가시킨다. 예를 들어 가난한 인류의 절반이 사라지고 서방세계와 중국만 남게 되었다고 가정해보자. 그렇게 되면 세계적으로 인구증가율은 거의 제로가 되겠지만, 탄소 배출은 거의 지금처럼 높은 수준으로 유지될 것이다. 가난한 사람들은 에너지 사용량이 많지 않다.

과거 몇 십 년 동안 전 세계적으로 탄소 배출이 크게 증가한 것은 부유한 지역에서 일어났는데, 인구증가가 멈추고 음수로 전환되어 자연감소가 생긴 곳들도 있다. 이는 우연한 일이 아니다. 인구 증가는 국가소득이 상승하면서 S자 곡선을 만든다. 처음에 사람들이 가난할 때는 출생률과 사망률이 모두 높다. 소득 상승으로 기본 의료서비스에 대한 접근이 가능해지며 사망률이 감소하고 인구가 증가한다. 소득이 계속 상승하면서 출생률은 감소하는데, 이는 부모들이 자녀의 생존율에 대한 확신이 강해지고, 여성들이 교육과 피임에 대한 접근이 가능해지기 때문이다. 이러한 '인구전환'으로 출생률과 사망률이 모두 낮아지고, 더 많은 인구가 고령화되고 소득수준은 계속 높아진다.

소득 상승과 에너지 사용량 증가가 결과적으로 인구증가를 억제하는 해결책이 된 것이다.

세계 전체가 이런 전환을 겪고 있다. 지난 50년 동안 전 세계 출산율world fertility rate, 여성 일인당 출산 수은 약 5에서 2.5로 감소했는데, 2를 약간 넘는 게 안정적인 대체출산율(인구성장률 제로)이다. 인도의 출산율은 6에서 2.4로, 중국의 출산율은 6에서 1.617로 감소했다.[17] 그러나 중국은 높아진 소득 때문에 탄소 배출은 폭증했다. 유럽, 러시아, 일본은 이제 음수 인구성장률을 갖고 있지만, 개인당 높은 에너지 사용량으로 인해 계속 대기 중에 많은 양의 탄소를 배출하고 있다. '인구과잉'에 초점을 맞추는 것은 좋게 말해 초점을 흐리는 것이고, 나쁘게 말하면 부유한 나라가 만든 문제를 가난한 나라 사람들에게 전가하는 인종차별적인 견해이다. 인구과잉이 재앙으로 이어질 것이라는 1960년대의 우려는 현실이 되지 않았다. 특히 파울 에를리히Paul Ehrlich가 1968년 출간한 저서 『인구 폭탄』The Population Bomb에서 1970년대에 기아로 수억 명이 사망하고, 1980년대에는 인류가 붕괴될 것이라고 한 예측은 현실이 되지 않았다.[18]

가난한 나라의 소득을 더 빠르게 증가시키는 게 인구 성장을 억제하는 길이다. 하지만 소득이 증가하면 에너지 사용이 더 많아진다. 탈탄소화를 이루지 않는 한 에너지 사용이 증가하면 탄소 배출도 늘어난다. 지금까지 탄소 배출을 하지 않으면서 우리가 아주 신속히, 그리고 효과적으로 사용 규모를 늘릴 수 있는 유일한 에너지원이 하나 있는데, 그게 바로 원자력이다.

제5장

100퍼센트 재생에너지만으로는 불가

많은 환경운동가들이 '원자력발전소는 필요 없다'고 주장하며 내세우는 근거가 바로 '100% 재생가능에너지로 전기를 만들면 된다'는 것이다. 전 세계 에너지 수요를 수력, 풍력, 태양광 같은 재생에너지원으로만 공급하자는 주장은 기후변화에 대응하는 운동가들에게 하나의 신조처럼 받아들여져 왔다.[1] '여러분이 사는 도시와 정부를 상대로 100% 재생가능에너지를 제공해달라고 요구하자.' '기업들은 100% 재생에너지를 사용하자.' 이런 주장은 슬로건으로는 쉽게 귀에 쏙 들어온다. 그리고 그렇게 하는 게 옳은 방향이기도 하다. 태양광 단지 솔라 팜solar farm이 화석연료 발전소 대신 들어서면 그건 반가워할 일이 분명하다.

하지만 그건 완전한 해결책이 되지 않으며, 기후변화에 대한 해결책을 찾아야 하는 앞으로 수십 년 동안은 특히 더 그렇다.[2] 지난 10년 동안 세계는 풍력 및 태양광 발전에 2조 달러를 투자했지만 탈탄소화에 거의 진전을 이루지 못했다.[3]

먼저, 신재생에너지만 가지고는 우리가 필요로 하는 신속한 탈탄소화를 달성할 수가 없다. 재생에너지가 가변성이 없고 불안정하지 않다고 해도 그렇다.(앞으로 다루겠지만 재생에너지의 가변성과 불안정성은 심각한 문제이다) 재생에너지를 활용할 필요성은 분명히 있다. 하지만 신속한 탈탄소화를 이루기 위해서는 가능한 모든 수단을 동원해야 한다. 그러려면 원자력nuclear power과 재생가능에너지renewables를 합친 '뉴어블'nuables을 가능한 한 빠르게 확대해야 한다. 그런데 원자력 발전은 재생에너지보다 더 빠르게 늘릴 수 있다. 근본적으로 원자력 연료 에너지는 풍력이나 태양광 발전에 비해 수백만 배 더 농축되어 있기 때문이다.

속도에 대한 문제를 제대로 평가하기 위해 과거 여러 나라에서 원자력발전소를 건설한 경험과 최근에 진행된 재생에너지 도입 속도를 서로 비교해 볼 필요가 있다. 전 세계 탈탄소화를 달성하기 위한 여러 방안을 비교평가 하는데 있어서 가장 핵심적인 문제는 바로 '원자력발전소 건설이 가장 왕성했던 지난 10년 동안 인구나 GDP 대비 일인당 연간 얼마나 많은 무탄소 에너지를 더 생산해낼 수 있었느냐?'는 것이다.

이 기준에 따르면, 최근 재생에너지 발전소의 건설속도는 스웨덴을 비롯한 여러 나라에서 수십 년 전에 이룬 원자력발전소 보급 속도에 크게 뒤떨어진다. 예를 들어, 독일은 풍력 및 태양광 발전 건설을 가장 활발하게 한 2005년부터 2015년까지 국민 일인당 연간 약 120kWh의 전력을 추가 생산했고, 캘리포니아는 약 70kWh를 추가했다. 그에 비해

무탄소 전기 생산량이 대폭 증가한 10년 간 연간 일인당 늘어난 무탄소 전기 생산량.

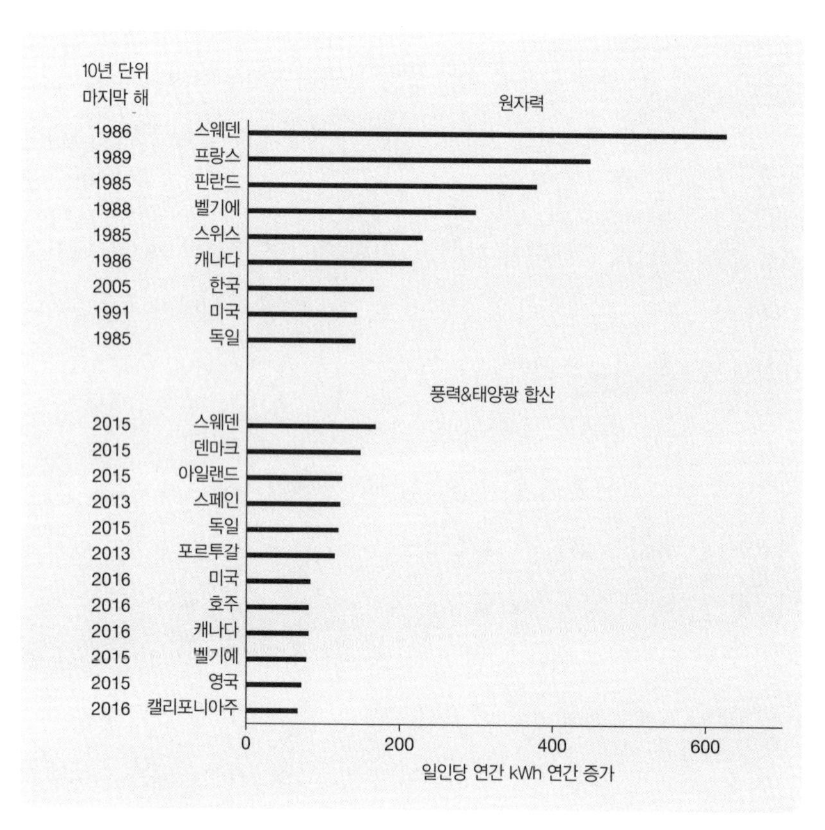

출처: British Petroleum, BP Statistical Review of World Energy; World Bank Databank, World Development Indicators.

스웨덴은 연간 인구 일인당 약 600kWh를 추가했고, 프랑스는 450kWh의 전기를 추가 생산했다.[4]

제3장에서 소개한 독일의 에너지 전환Energiewende 정책은 전 세계적으로 통용될 수 있다. 재생가능에너지를 사용하면 100년 넘게 걸릴 일을 원자력 발전으로 하면 10~20년이면 해낼 수 있다는 사실을 전 세계가 이미 알고 있다. 재생에너지만 가지고 우리가 원하는 바를 이룰 수 있다는 주장은 듣기에는 귀가 솔깃할지 모르나 그 정도 규모로는 전 세계 탈탄소화라는 목표를 달성할 수 없다.

원자력은 여전히 해결해야 할 과제가 많음에도 불구하고 신속하게 전력을 공급할 수 있다는 장점이 있다. 핀란드의 유럽형가압경수로EPR는 대규모 예산 초과와 공사 지연이라는 문제를 겪어왔지만, 지연된 시간만큼 신속하게 청정에너지를 공급할 것이다. 그리고 속도 면에서는 그동안 풍력 발전소와 태양광 단지들이 보인 속도를 능가할 것이다. 전력망에 연결된 2018년 이래 핀란드의 신규 원자로는 덴마크가 1990년부터 건설한 풍력 발전소들이 생산한 전력량을 모두 합친 것과 같은 양의 전기를 매년 생산한다.[5]

인도는 2022년까지 최대발전량 100기가와트의 태양광 단지를 건설하는 야심찬 목표를 세웠다. 실행 여부가 매우 불투명하기는 하지만 설혹 이 목표를 달성한다고 해도, 발전 효과는 인도의 석탄 사용 증가폭을 둔화시키는 정도에 불과하다. 우선 최대발전량 100기가와트의 간헐적인 태양광 단지는 발전량 약 25기가와트의 석탄발전소(또는 원자력발전소)

가 연중 쉬지 않고 가동해서 생산하는 전기만큼 만들어낼 수 있다. 이 태양광 단지를 새로 건설하는데 5년이 걸리니, 수치로는 매년 5기가와트씩 전기 생산을 늘리는 셈이다. 링할스원자력발전소 한 곳의 연간 발전량보다 조금 더 많은 양이다. 생산력 측면에서 보면 새로 짓는 이 태양광 단지는 연간 시간당 약 40테라와트의 전기를 생산할 수 있다. 그러나 인도 전력망에 매년 새로 생겨나는 수요자들만으로도 거의 그 정도의 전기가 더 필요하다.[6] 그리고 기존 고객들도 훨씬 더 많은 전기를 필

1985~2016년 중국의 연료별 발전량.

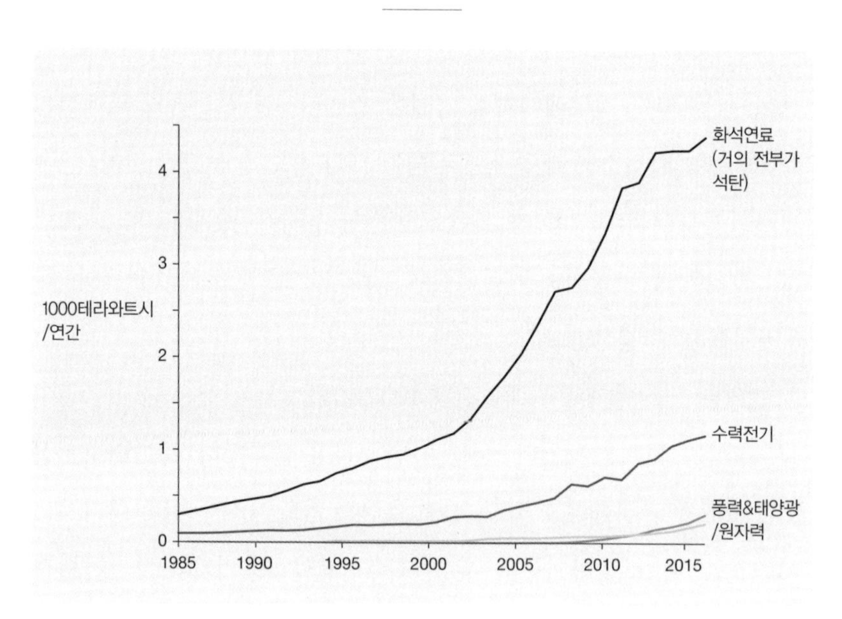

출처: US Energy Information Agency.

출처: World Bank.

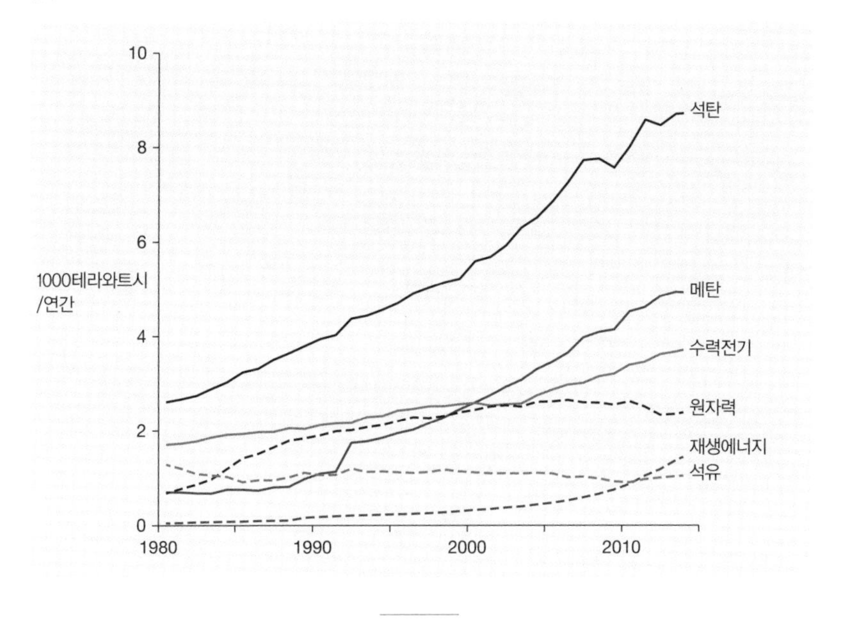

1980~2014년 전 세계 연료 사용 발전량. 단위 테라와트시.
재생가능전기는 풍력, 태양광, 바이오매스, 지열발전을 가리킨다.

요로 하기 때문에, 의욕적이기는 하지만 이 정도의 태양광 단지로는 석탄 사용을 줄이지 못한다. 아울러 다른 개발도상국들도 재생에너지 사용을 확대하는 것으로는 기껏해야 신규 수요를 감당하는 정도에 그치지, 기존의 석탄 발전을 대체하지는 못한다.

중국은 재생에너지 분야에서 세계적인 선두주자이지만, 여전히 엄청난 양의 석탄을 태우고 있다. 2015년 중국이 생산하는 전력의 72%가 석탄으로 공급되었고, 풍력은 3% 미만, 태양광 에너지는 1% 미만을 차지했다. 2040년까지 계획을 보면, 실제로 사용되는 석탄 양은 별로 줄지 않지만, 총 전기 생산량이 증가함에 따라 석탄이 차지하는 비중은 50% 정도로 줄어든다.[7]

전 세계적으로 보면 전기뿐만 아니라 다른 형태의 에너지를 포함해, 수력을 제외한 모든 종류의 재생에너지가 주력 에너지primary energy가 공급하는 양의 3% 정도를 차지하는데 그치고 있다.[8]

수력 발전

전 세계 재생에너지의 3분의 2가 수력 발전으로 만들어진다. 수력은 탄소 저감 관점에서 큰 장점을 가지고 있지만, 댐을 만들기 좋은 자리에는 이미 댐이 들어서 있다. 일반적으로 수력발전댐을 새로 건설하려면 광범위한 지역을 수몰시키고, 사람들을 이주시켜야 하고, 예산이 많이 들어가는 대규모 건설 프로젝트를 수행해야 한다. 적합한 장소가 부족해 수력 발전은 우리가 지금 필요로 하는 속도로 빠르게 확대하기 어렵다. 기후변화로 인해 심각한 가뭄이 더 자주 발생하고 있어 댐의 물이 마르는 일도 빈번하게 되었다. 이런 댐에서는 전기를 만들지 못한다.

대규모 수력발전소는 화석연료를 사용하지 않는 에너지원으로, 화석연료 에너지원에 비해 여러 면에서 우수하다. 하지만 개발도상국들에서 수력 발전에 성급하게 뛰어들면 예상치 못한 심각한 결과를 가져올 수 가 있다. 최근 이코노미스트Economist는 동남아시아의 메콩강에 개발 중인 다수의 수력발전댐이 매우 심각한 영향을 가져올 수 있다고 보도했다. 메콩강은 지구상에서 가장 생물다양성이 풍부한 생태계 중 한 곳이며, 전 세계 쌀 생산량의 15%가 이곳에서 생산된다.[9] 2018년에는 인도네시아가 추진하는 수력발전댐 건설로 인해 새로 발견된 희귀종 유인원 오랑우탄의 서식지가 크게 위협받았다.[10] 앞으로 더 많은 댐이 건설될수록 어업, 농업 및 생물다양성이 손상을 입게 되며, 그 피해 규모는 우리가 정확히 예측하기 어려울 정도이다. 이런 문제점들이 청정에너지에 대해 다양한 부분을 아우르는 포트폴리오 방식portfolio approach을 통해 종합적으로 접근할 필요성을 다시 한 번 부각시켜준다. 환경 파괴적이거나 위험한 프로젝트에 의존하지 않도록 태양광, 풍력, 수력과 원자력발전소 건설을 동시에 추진하는 방식이다.

풍력 발전

풍력 발전은 매우 저렴한 비용으로 전기를 생산한다. 그러나 넓은 부지가 필요하고 일반적으로 바람이 심하게 부는 곳은 전기를 소비하는 도시에서 멀리 떨어져 있다. 최근 텍사스 전력망 같은 곳에 많은 비용을 투입해 대대적인 보완작업이 이루어진 것도 이와 무관하지 않다. 해상풍력발전소는 주로 해안도시 가까운 곳에 세워지기 때문에 이런 문제 해결에 도움이 될 수 있다. 그리고 해상풍력은 일반적으로 육상풍력보다 안정적으로 전력을 공급하지만 최상의 입지조건을 갖춘 곳이 많지는 않다. 예를 들어, 캘리포니아 해안에서는 대륙붕이 영국에 비해 다소 가파르게 내려간다. 덴마크를 연결하는 교량 인근 릴그룬드Lillgrund에 있는 스웨덴 최대의 해상풍력단지는 2007년에 좋은 위치, 해안 근처의 얕은 해저에 지어졌지만 발전단가가 kWh당 약 11센트로 큰 폭의 적자를 기록하고 있다. 메탄가스의 발전단가는 4센트 정도이다.[11] 최근 분석에 따

해상풍력은 재생에너지를 확대하는데 있어서 큰 부분을 차지하지만,
여전히 비싼 비용이 문제다. 2007년 스웨덴의 릴그룬드 해상풍력단지.

사진: Mariusz Paździora via Wikimedia Common(CC BY-SA 3.0).

르면, 전 세계적으로 해상풍력 발전단가는 kWh당 11센트로 추정되는 반면 육상풍력의 발전단가는 3~6센트이다.[12] 해상풍력발전소는 일반적으로 25년 동안 지속되는 것으로 가정하는데, 여러 증거를 보면 실제 수명은 그보다 더 짧아 최종 단가가 더 높아질 것으로 예상된다.[13]

그럼에도 불구하고, 해상풍력의 단가는 최근 몇 년간 크게 하락했다. 2017년에는 영국의 대규모 해상풍력 발전 프로젝트의 발전단가는 kWh당 약 8센트로, 불과 몇 년 전에 비해 절반 가격으로 내려갔다.[14] 다른 지역의 단가는 이보다 더 높다. 미국의 첫 번째 해상풍력발전소인 딥워터 윈드Deepwater Wind는 2016년 12월 로드아일랜드주의 블록 아일랜드Block Island 연안에 세워졌는데 발전단가가 kWh당 거의 24센트에 육박한다. 건설계획이 확정된 롱아일랜드 인근의 신규 해상풍력발전소는 발전단가가 16센트로 예상되고 있는데, 평균 공공전기요금의 두 배가 넘는다.[15]

게다가 바람은 변동성이 크다. 시간대에 따라 바람이 더 많이 불거나 적게 불고, 어떤 해는 바람이 많이 불고 어떤 해는 적게 분다. 제3장에서 설명한 것처럼, 독일의 풍력 발전은 2016년에 설비용량 기준으로 2015년보다 약 10% 더 적은 전기를 생산했다.

석탄발전소를 원자력발전소로 대체하는 것은 간단하다. 둘 다 매일 꾸준히 돌리는 '기저부하'baseload로 상시 이용이 가능하다. 반면에, 석탄을 풍력이나 다른 재생에너지로 대체하는 것은 재생에너지의 생산량이 가변적이고 불확실하기 때문에 변수가 많다. 재생에너지의 불안정한 생산량은 수력 발전이나 (발전량을 신속하게 늘리거나 줄일 수 있는)메탄가스 발전으로 균형을 맞춰야 한다. 가끔 발생하는 비상상황에서는 바람이 부는 날 급하게 풍력전기를 발전하면, 가까이 있는 석탄발전소에서는 증기로 터빈을 가동해 전기를 생성하는데 사용되지 않고 그대로 배출되어 버린다. 석탄발전소에서 바람의 세기에 맞춰 전력 생산을 올리고 내리는 게 가능하지 않은 것이다. 새로 건설하는 메탄가스발전소는 (비용이 들더라도)이런 일을 좀 더 쉽게 수행할 수 있지만, 이렇게 되면 부하균형을 맞추기 위해 재생에너지 보급이 메탄가스발전소의 건설과 병행되어야 한다. 그러다 보니 석탄발전소에서 증기를 배출해 버리지 않기 위해 전력망에서 풍력이나 태양광 발전을 '줄이는' 일이 수시로 일어나고, 이는 잠재생산량potential output 만큼 전기를 생산해내지 않고 일정 부분을 포기하는 결과가 된다. 특히 중국의 대규모 풍력발전소들에서 이런 일이 일어나고 있는데, 최근에는 이로 인해 중국의 풍력 발전량이 약 20% 감소하는 결과로 나타났다.[16]

태양광 전기

태양광 전기는 풍부하지만 초기에는 지금 전 세계 전기 공급량의 1퍼센트 정도를 차지하는데 불과했다. 태양광도 풍력처럼 중요한 역할을 하지만 한계점도 갖고 있다.

예를 들어, 어느 날 오후 미국에 있는 컴퓨터 앞에 앉아 유럽의 에너지원에 따른 발전 현황을 실시간으로 보면 놀랄만한 사실을 알게 될 것이다. 유럽은 저녁시간이라 조명이 켜져 있고, 사람들이 오가고, 난방이나 에어컨이 가동되고 있다. 하지만 유럽 전역의 태양광 발전량은 제로이다.[17] 태양광 전기는 풍력처럼 변동성이 크지는 않은데, 그런데도 하루 중 많은 시간 동안 사용할 수가 없다. 일부 국가에서는 수력 전기로 풍력의 변동성을 보완하는 것처럼 태양광 전력의 변동성도 보완해줄 수

유럽의 야경. 전깃불이 환하게 켜져 있지만 태양광 발전량은 야간에 제로가 된다. 2014년.

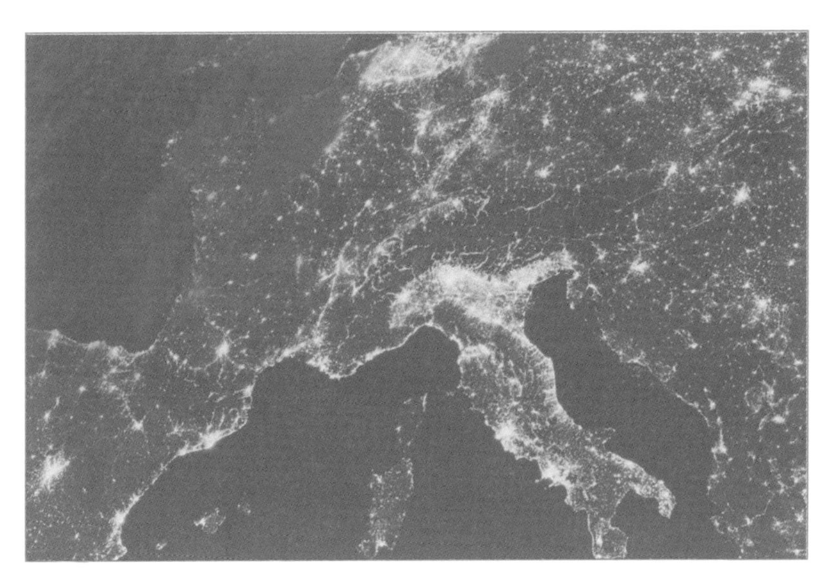

사진: NASA Goddard.

있다. 하지만 북유럽 국가들에서는 태양광 전기 생산량이 여러 달 동안 급격히 감소한다. 태양광 전기 생산은 겨울에 거의 제로에 가깝게 줄어드는데, 역설적으로 이 시기는 조명과 난방 수요가 가장 높이 올라가는 때이다.

태양광 전력의 불규칙성은 태양에너지가 너무 적을 때도 있고, 너무 많을 때도 있다는 것을 의미한다. 태양광 전력 생산량이 최대치로 치솟으면 전력망이 이를 모두 받아들이지 못한다. 캘리포니아주는 전체 전기 수요의 10% 이상을 발전소 규모utility-scale의 태양광 전기로 조달하고, 옥상 태양광 발전을 통해 추가로 4%를 더 공급받고 있다. 중국의 풍력과 마찬가지로 캘리포니아도 태양광 발전량을 줄여야 했다. 2015년에 15%를 차지하던 태양광 발전량이 2017년 초에는 30%까지 올라갔다. 태양광 발전 시설은 분산되어 있고, 특히 옥상 태양광 시설은 관리하기 어렵다. 캘리포니아주는 수시로 전력 생산 초과가 일어나고, 전력망 과부하를 막기 위해 전기 일부를 가져가라고 애리조나주에 돈을 주고 판매한다. 이를 '마이너스 가격'negative pricing이라고 하며, kWh당 2.5센트에 판매하는 경우도 종종 있다.[18] (제3장에서 소개한 것처럼 독일도 이와 유사한 마이너스 가격 문제를 안고 있다.)

캘리포니아 주정부는 재생에너지가 전체 전력에서 차지하는 비율을 2030년까지 25%에서 50%로 올리도록 법적으로 규정하고 있다. 2018년에는 캘리포니아에서 새로 건축하는 모든 주택이 태양광 전력을 갖추도록 의무화했다.[19] 동시에 캘리포니아는 원자력발전소에서 기저부하

baseload로 연중무휴 생산하는 전력의 10%를 버리고 있다. 기후변화로 인해 수력 발전은 불안정해지고 있다. 한 해 가뭄이 찾아오는가 하면 이듬해에는 폭우가 찾아온다. 따라서 앞으로 10년 동안 이러한 불규칙성 문제는 훨씬 더 심각해질 것이다. 이미 전국 평균보다 50% 정도 더 비싼 캘리포니아의 전기요금은 앞으로 더 올라갈 가능성이 높다.

태양광 발전을 지지하는 사람들은 최근 태양광 단지가 대규모로 설치되는 사실을 반갑게 받아들인다. 하지만, 태양광은 다른 에너지원과 달리 늘어난 발전용량이 곧바로 생산량 증가로 이어지지 않는다. 새로운 태양광 시설을 석탄화력발전과 비교하는 요란한 언론보도와 달리 실제로는 그렇게 긍정적으로 볼 일이 아니다. 첫째, 태양광 발전은 발전용량GW당 생산하는 전력이 훨씬 적고, 둘째, 신속히 석탄을 대체할 전력원이 필요한 상황에서 어떤 규모로든 석탄화력발전소를 새로 짓는 것은 옳은 방향이 아니기 때문이다.[20]

태양광 발전은 최근 몇 년 사이 발전비용이 급격히 내려갔다. 간헐성 문제만 없다면, 태양광 전기는 많은 곳에서 화석연료와 경쟁할 수 있었을 것이다. 국제에너지기구IEA가 2022년에 서비스를 시작하는 여러 발전원의 균등화발전비용levelized costs of energy, 생산된 전력의 단위당 단가을 보면, 보조금을 제외하고 태양광 단지는 kWh당 7.4센트, 메탄은 5.4센트이다.[21] 태양광 발전비용은 계속 내려가고 있다.

하지만 간헐성 문제를 해결하기 위해 태양광과 배터리장기저장시스템long-term battery storage을 결합하는 연구는 여전히 언제 결실을 맺을지 모르고, 개발비용도 많이 든다. 최근에는 애리조나주 투산Tucson에 태양광 단지와 배터리저장소를 kWh당 불과 4.5센트의 발전비용으로 제공하기로 합의가 이루어졌다는 뉴스가 전해졌다. 석탄화력발전이나 천연가스 발전과 견주어도 경쟁력이 있는 가격이다. 하지만 좀 더 자세히 들여다보면, 이 비용은 투산시에서 지불하는 거액의 보조금이 반영된 것이고, 배터리저장소는 매일 오후 해가 지면서 발생하는 생산량 감소의 충격을 완화하기 위해 15분 정도만 가동된다. 해가 지고 15분이 지나면서부터는 메탄가스나 석탄으로 전기를 생산한다.[22]

지붕형rooftop, 분산형 태양광의 발전비용은 전력망과 연결된 '발전소급' 대규모 태양광 발전보다 훨씬 높다. 분석에 따르면, 미국 남서부처럼 간헐성에 따르는 비용을 고려할 필요 없는 곳에 짓는 대규모 태양광 단지는 발전단가가 kWh당 5센트 정도로 낮아질 수 있다. 이에 반해 주택 지붕에 짓는 가정용 태양광은 여전히 발전단가가 kWh당 19~32센트에 달한다.[23] 가정용 태양광은 친환경 재생에너지의 상징적인 이미지를 갖기는 하지만, 화석연료 대체에너지라는 측면에서는 전력망과 연계된 대규모 태양광 시설만큼 효과적이지 않다.

태양광 발전의 여러 현안을 다룬 바룬 시바람Varun Sivaram의 저서 『태양 길들이기』Taming the Sun는 지금의 방식으로는 2050년까지 기후목표를 달성하기 위해 전 세계 전력의 3분의 1을 태양광 발전으로 전환하기는 어려울 것이라고 경고한다.[24] 더 많은 태양광 발전이 전력망에 연결될수록 태양광 발전의 가치는 하락하게 된다. 태양전지 가격이 계속 내려가더라도 마찬가지이다. 이는 태양광 발전이 이미 전력이 초과생산되는 시간에만 값싼 전기를 생산하기 때문인데, 태양광이 차지하는 비중이 커질수록 이러한 생산과잉 현상은 더 심해진다.

값싼 태양전지는 생산 단계(주로 중국)와 소비 단계(주로 서방국) 모두에서 대규모 보조금이 투입되었기 때문에 나타난 결과이다. 하지만 지금은 규모의 경제, 그리고 때로는 과잉공급으로 인해 보조금 없이도 태양전지 설비단가가 내려가고 있다. 최근에는 발전단가가 kWh당 3센트까지 내려가 다른 어떤 발전원보다도 낮은 가격으로 전기공급이 가능해졌다. 태양광이 전체 전력에서 차지하는 비중이 몇 퍼센트에 불과할 때는 전력망이 이를 쉽게 흡수할 수 있고, 낮은 가격은 큰 혜택이 된다. 하지만 태양광의 비중이 전체 전력의 10% 또는 20% 정도로 늘어나면, 태양광 발전이 전력망을 좌지우지하게 된다. 태양빛이 좋은 날과 밤, 구름이 끼고, 계절요인으로 태양빛이 사라지는 날 사이에는 큰 간극이 생겨 더 그렇게 된다. 독일과 캘리포니아에서 재생에너지 생산량이 높아질 때 전력가격이 마이너스로 떨어진다는 사실을 우리는 알고 있다. 더 많은 태양전지를 설치한다는 것은 이런 상황에서 더 많은 전기를 생산하는 것을 의미한다.

전기를 무료로 나눠주는 상황에서는 kWh당 3센트인 전기요금도 싼 게 아니다. 사막 한가운데서 아이스크림콘 하나를 싸게 판다면 의미가 있겠지만, 냉동고가 없는 경우라면 아이스크림콘 1,000개를 거저 준다고 해도 무용지물이다. 다 먹어치울 수도 없고, 보관할 수도 없기 때문이다. 지금 우리에게는 아이스크림 냉동고처럼 싼값에 장시간 전기를 보관할 수 있는 대용량 전기 저장장치가 필요하다.

이러한 문제들 때문에 유럽의 주요 태양광 국가인 이탈리아, 그리스, 독일, 스페인은 태양광 발전이 전체 전력에서 차지하는 비율을 최고 5~10% 선에서 유지하며, 2014년부터 2016년 사이에 이를 늘리지 않았다.[25] 캘리포니아는 태양광 발전의 비중이 15%를 넘어서면서 그에 따른 대가를 치러야 했다. 화창한 날에는 캘리포니아가 사용하는 전력의 거의 절반을 태양광 발전으로 공급하고, 메탄가스 전기가 차지하는 비중은 전체의 10%에 불과하다. 해가 지면 메탄가스 전기와 네바다, 애리조나로부터 사들여오는 전기(메탄가스, 석탄, 원자력)가 전체 수요의 3분의 1을 차지하며 부족한 전기를 메운다.

그러다 아침이 되면 그 반대 현상이 다시 벌어진다. 이러한 변동성을 해소하기 위해서는 전력망에 백업용 화석연료발전소와 송전선을 상시 대기상태로 유지해야 하고, 또한 변동성에 대응하기 위한 전력망 업그레이드도 필요하다.[26] 이러한 비용이 계속 누적되고 있다. 메탄발전소를 수시로 가동하고 중지하는 것은 비효율적이고, 설비의 마모를 가져온다. 독일은 전력망 업그레이드와 비싼 백업용 발전소를 짓는데 200억 달러를 투자하고 있고, 독일의 이웃 국가들은 독일 전력망의 변동성 때문에 자기들의 전력망까지 불안정해지고 있다고 불평한다.[27]

바룬 시바람은 태양광을 전력망에 통합하는데는 드러나지 않는 비용이 추가로 들어가며, 이는 공개된 태양광 발전비용의 약 50%에 달한다고 말한다.[28] 이는 생산국과 소비국들이 지불하는 보조금 외에 별도로 추가되는 비용이다. 그리고 태양광 발전이 싸다고 할 때는 이런 비용을 포함시키지 않고 하는 말이다. 캘리포니아에서는 태양광 발전으로 전기를 생산하는 사람들에게 필요한 전기, 불필요한 전기 가리지 않고 보상해 준다.[29] 그로 인해 캘리포니아는 재생에너지 설비가 확대된 2011년부터 2017년 사이 전기요금이 전국 평균보다 35% 더 높던 것이 60%까지 높아져 전국에서 가장 비싼 전기요금을 내게 되었다.

독일 소비자들이 내는 비싼 전기요금의 4분의 1은 재생에너지 보조금으로 쓰인다. 사실 재생에너지 보급이 대폭 확대된 곳은 어디서나 전기요금이 상승했다.[30] 태양광 단지는 환경에도 영향을 미친다.(물론 석탄화력발전소에 비하면 훨씬 적은 영향을 미친다) 햇빛의 특성상 세계 곳곳에 흩어져 있다 보니 넓은 면적의 부지를 차지한다. 태양광 생산을 확대하려면 경작지나 미개발 토지를 포함해 넓은 면적의 땅을 한꺼번에 철과 실리콘으로 뒤덮어야 한다. 이런 식으로 경작지와 서식지를 훼손하는 것은 기후변화와 관련해 우리가 추구하는 여러 목표와 상반되는 행동이다. 주위에 사는 사람들이 이를 받아들이지 않기도 하고, 그러다 보면 태양광 프로젝트는 여러 해에 걸친 법정다툼으로 번지기도 한다.

태양전지판의 수명은 약 25년에 그치며, 그 다음에는 재활용되어야 한다. 재활용 작업은 규모가 방대하고, 지저분한 독성물질을 처리하게 되는데, 극빈국의 어린이들이 안전조치도 없이 작업을 수행하는 경우가 많다. 원자력 발전과 달리 태양광 단지 폐기 비용은 일반적으로 발전비용에 포함시키지 않는다.

저장 배터리

바람과 햇빛은 수시로 바뀌기 때문에 재생에너지가 위주인 전력망은 차세대 최첨단 배터리 기술 같은 값싼 에너지 저장장치의 도움을 받아야 한다. 하지만 아직 그러한 기술은 개발되지 않았고, 앞으로 몇 십 년을 더 기다려야 할지도 모른다. 현재 가장 우수한 소비자용 배터리인 테슬라의 파워월Powerwall 유닛 같은 제품은 전력망 규모의 저장용으로 사용하기에는 너무 비싸다.(특히 호주에서 가동된 테슬라의 유명한 대용량 저장장치도 일시적으로는 경쟁력 있는 가격으로 전력망 안정화에 도움을 주지만, 재생에너지를 장기적으로 저장하기에는 너무 비싸다.)

가장 저렴한 대용량 배터리로는 대형 액체탱크를 이용하는 플로우 배터리flow batteries가 있지만, 이 역시 전망은 좋으나 아직 비용이 너무 비싸다. 지금까지는 리튬이온lithium-ion 배터리가 가장 경제적이고 검증된 기술이다. 이 분야 산업이 발전하면서 대규모 배터리 설치비용은 내려가고 있다.[31] 전력망 규모에서는 배터리 저장장치로 발전비용에 kWh당 30센트 정도가 추가된다. 반면에 전력망으로 송전되지 않고 '자체 수요용'으로 쓰는 상업 및 가정용 저장장치는 kWh당 85센트~1.27달러 정도의 비용이 든다.(미국의 평균 전기요금은 현재 kWh당 10센트이다.)[32]

미국 남서부에 있는 발전소 규모의 박막태양전지thin-film utility-scale 태양광 단지는 발전비용이 가장 낮은 태양광 시설이다. 이곳에 대한 최근 종합분석에 따르면, 불과 10시간의 저장용량을 추가하면 발전비용이 거의 두 배로 늘어난다.[33] 이렇게 태양광 발전과 저장 시스템을 결합하면 화석연료 화력발전보다 발전비용이 더 많이 들어 개발도상국에서는 설치하기가 어렵고, 아울러 한번에 10시간 이상 햇빛이 계속 비치지 않는 지역에서도 현실성이 없어진다.

전 세계적으로 하루 약 68TWh의 전기를 사용하고 있다고 가정하면, 단 하루 생산량을 저장할 배터리 설치에 들어가는 비용이 20조 달러가 넘는다.[34] 이는 연간 총 세계경제활동의 약 4분의 1에 해당한다. 발전비용은 별도로 치고 저장비용으로만 이런 거액이 들어간다는 계산이다. 하루 발전량을 저장하는 용량으로는 모자랄 수도 있다. 제3장에서 독일이 세운 야심찬 에너지 전환 프로젝트와 관련해 알아본 것처럼 일주일 동안 태양광과 풍력을 모두 합쳐 전력 생산량이 유럽 전체 발전용량의 10퍼센트 밑으로 내려간 적이 있다.

재생에너지로 세계를 움직이기 위한 배터리 생산은 비용뿐만 아니라 생산능력과 재료 공급 면에서 엄청난 규모가 될 것이다. 전기자동차용 배터리와 테슬라 파워월을 포함해 현재 전 세계 연간 리튬이온 배터리 생산량은 전 세계 전기수요를 불과 45초 충당할 수 있을 정도에 불과하다. 네바다주에 있는 테슬라의 기가팩토리gigafactory가 풀가동에 들어가면 전 세계 리튬배터리 생산율이 지금의 두 배로 늘어난다.[35] 매년 기가

팩토리 하나를 새로 짓는다고 가정하면(첫 번째 공장 건설에 5년이 걸림), 세계 전기소비량을 단 하루 저장할 수 있는 배터리를 생산하는데 모두 60년이 걸리는 셈이 된다. 그러나 배터리는 충전수명이 제한되어 있기 때문에, 최고 품질의 배터리라고 해도 일일 부하주기로on a daily load cycle 운용할 경우 대부분 15년 이상 지속되지 않는다. 따라서 초기 몇 십 년 동안 폐기되는 배터리를 대체하는데 몇 십 년의 시간이 필요하게 된다. 물론, 지금 전기소비율을 기준으로 '하루치 저장량'은 60년 후 전 세계 전기소비량이 두 배쯤 늘었을 때는 부족할 것이다. 기후변화 문제를 해결하려면 이보다 훨씬 더 빠르게 탈탄소화를 이루어야 한다.

재생에너지에 10억 달러를 투자한 빌 게이츠는 이렇게 말한다. "지금 우리는 모든 에너지를 재생에너지로부터 얻고, 24시간 내내, 그리고 장시간 흐리고, 햇빛이 없고, 바람이 없더라도 배터리 저장 시스템을 활용할 수 있도록 해주는 배터리 기술을 갖고 있지 않다."[36]

에너지 비용 부문에서 권위를 인정받고 있는 미국의 금융자산운용사 라자드Lazard는 최근 보고서에서 "대체에너지가 점점 경제적으로 경쟁력을 갖추고 있고 저장기술도 미래가 밝다. 하지만 가까운 장래에 대체에너지 시스템만으로 선진 경제의 기저부하base-load 발전 수요를 충족시키지는 못할 것"이라고 밝히고 있다.[37]

이 모든 문제들은 충분한 시간을 가지고 대비한다면 극복해낼 수 있다. 배터리 비용 부문에서 큰 발전이 이루어진다면 이번 세기 말쯤이면 거대한 해상풍력 발전단지로 미국 북동부 해안을 밝힐 수 있게 될지 모

그래픽: Vaclav Volrab / Shutterstock.

원자력을 재생에너지로 대체해도 탄소 배출은 줄지 않는다.

른다. 그러나 이미 입증된 해결방법이 우리 앞에 있는데, 인류의 미래가 달린 문제를 획기적인 기술발전이 이루어질 것이라 믿으며 수십 년을 더 기다리는 것은 너무 무책임한 짓이다. 값싼 배터리나 융합 에너지가 우리를 구원해줄지 모른다. 소행성이 지구와 충돌하지 않고 비켜지나갈 수도 있을 것이다. 하지만 그건 책임감 있는 사람이 기댈 해결책이 아니다. 풍력과 태양광 발전은 화석연료를 대체하는데 점차 중요한 역할을 하고 있지만, 지금은 전 세계 전력공급량의 불과 5%를 차지하는 초기 단계에 머물고 있다. 이런 상황에서 "우리는 원자력 발전이 필요 없다." 고 말하는 것은 단순 계산으로도 옳지 않다.

100퍼센트 재생가능에너지

솔루션 프로젝트Solutions Project와 스탠퍼드대학교의 마크 제이콥슨Mark Jacobson교수는 최근 미국[38]을 비롯해 전 세계[39]가 이번 세기 중반이 되면 100퍼센트 재생에너지로 값싸고 믿을 수 있는 에너지를 공급받게 될 것이라는 주장을 펴서 큰 논란을 일으켰다. 스탠퍼드대의 다른 교수들을 비롯한 명망 있는 전문가들이 같은 저널에 이를 반박하는 논문을 실었다.[40] 미국의 경우는 100퍼센트 재생에너지 시나리오가 가능하려면 수력 발전을 크게 늘리는 것을 전제로 하는데, 이는 현실적으로 실현 가능성이 희박하다.

수력 발전은 풍력과 태양광 에너지의 변동성을 조절하는데 도움이 될 수 있는데, 예를 들어 태양전지가 작동하지 않는 야간에는 물의 흐름을 더 빨리해서 발전량을 조절하는 방식을 쓰는 것이다. 시나리오 전체에 이런 식으로 수력 발전의 양을 크게 증가시킨다는 전제가 깔려 있는데, 이런 전제는 성립되기가 어렵다. 제이콥슨 교수는 자신의 주장을 비판하는 학자들과 미국국립과학원National Academy of Sciences을 상대로 1,000만 달러의 소송을 제기했는데, 학술저널에 실린 논문을 둘러싸고 벌어진 논쟁을 처리하는 방식으로는 대단히 비정상적인 처사였다.(그는 이후 소송을 철회하며 변호인 비용을 피고소인들에게 떠넘겨 학계에 부정적인 선례를 남겼다) 앞으로 수십 년에 걸쳐 수력, 풍력, 태양광 에너지의 역할은 더 늘어갈 것이다. 이 에너지원들의 역할 확대가 빨라질수록 신속한 탈탄소화 목표에 더 쉽게 도달할 수 있게 될 것이다. 원자력과 재생에너지를 합친 '누어블'nuables 솔루션이 바로 기후변화 문제 해결의 핵심적인 요소이다.

하지만 나아갈 방향을 올바로 잡았다고 해서 그것만으로 기후변화가 저절로 해결된다고 믿는다면 오산이다. 재생에너지의 역할을 확대해서 전 세계 전력 생산량의 50%에 도달하도록 한다면 큰 발전이 이루어지는 것임이 분명하다. 그러나 '100% 재생에너지로'라는 구호는 '전 세계 탈탄소화'라는 우리의 최종 목표로부터 관심을 분산시키는 역효과를 낳는다. 이러한 관심 분산 요소의 한 예가 2017년 뉴욕타임스 웹사이트에 소개된 '기후 시뮬레이터'Climate Simulator이다.[41] 이 시뮬레이터는 제1장에서 설명한 MIT 모델을 기반으로 만들어졌는데, 세계가 한계를 넘어서지 않으려면 신속히, 그리고 대대적인 규모로 이산화탄소 배출 감소가 필요하다는 사실을 수치를 통해 독자들에게 설명한다. 하지만 그런 다음에는 (어떠한 증거 제시도 없이) 풍력, 태양광 발전, 및 에너지효율화만 가지고도 이러한 이산화탄소 배출감소가 "가능할 수 있다"고 주장했다. 하지만 이러한 해결책들로는 이 모델이 필요하다고 규정한 신속한 배출 감소를 달성할 수 없다. 이보다 더 유용한 시뮬레이터를 동원해 다양한 기술을 적용해보면 원자력 발전의 대대적인 확대 없이는 목표를 달성할 수 없다는 사실을 확인할 수 있다.

'100% 재생에너지로'라는 아이디어는 해결책을 찾는 일로부터 관심을 분산시키는데 그치지 않고, 탄소 배출 제로의 에너지원인 기존의 원자력발전소들을 폐쇄하자고 주장하는 근거로 반복적으로 이용되어 왔다. 재생에너지로 얼마든지 원자력발전소를 '대체'할 수 있다는 것이다. 하지만 재생에너지를 확대해 나가는 것은 화석연료발전소를 대체하기 위해서이지 탄소를 배출하지 않는 원자력발전소를 대체하기 위해서가 아니다. 마지막 남은 화석연료발전소가 폐쇄되고 원자력발전소와 재생에너지발전소만 남게 되면, 그때 가서 원자력 발전시설을 재생에너지 시설로 대체할지 여부를 논의하도록 해야 한다. 대체가 가능하고, 또한 그게 인류에 이득이 된다면 그렇게 하자는 말이다. 스웨덴에서는 앞으로 몇 십 년 안에 그렇게 해보자는 생각을 하는 이들이 있다. 하지만 지금까지 발간된 과학적 자료들은 환경적, 경제적인 측면에서 모두 원자력발전소를 가동하는 것이 스웨덴에게 더 유익하다는 입장이다.[42] 지금까지 우리는 풍력과 태양에너지를 전력망에 연결시키는 차원에서 논의했다. 하지만 재생에너지를 전력망에 편입시키지 않고 지역사회 차원과 독립적으로 사용하는 버전도 논의되고 있다. 제4장에서는 인도에서 이런한 커뮤니티 접근법 도입을 시도했다가 실패한 경험을 다루었다. 최근에는 스웨덴 남부의 작은 마을에서도 이 방식을 시도했다.

독일의 한 발전소가 지방 현지에서 생산한 태양에너지와 풍력을 전국 전력망을 통하지 않고 지역 미세전력망을 통해 마을에 직접 공급했다. 그러나 실제로는 마을에서 쓰는 전기의 80% 이상을 전국 전력망으로부터 가져와야 했다.[43] 이 발전소는 그 이유를 간단히 설명했다. "아주 추운 날, 바람이 거의 불지 않는 날, 그리고 무척 흐린 날에는 태양광 전지판이 전기를 만들어내지 못한다. 이게 현실이고, 그렇다는 걸 모두가 다 안다."[44] 태양전지판과 풍력 터빈, 배터리, 바이오디젤biodiesel 백업발전기 등 마을에서 설치한 발전기마다 자체 에너지원을 통해 전기를 생산해내는데, 각 발전기의 탄소 배출 수준이 전국 전력망에서 가져오는 전기보다 더 높다.[45] 2017년 책과 웹사이트를 통해 소개된 플랜 '드로다운'Drawdown은 "글로벌 지구온난화를 되돌릴 가장 포괄적인 계획"으로 80가지 '해결책' 제안하고 있다. 이 해결책들에는 지붕 태양전지판 같은 눈에 띄는 설비에서부터 여성교육 확대와 같은 간접적인 해결방법, 그리고 인공잎artificial leaves, 수소-붕소 핵융합hydrogen-boron fusion 같은 아직 개발되지 않은 미래기술이 포함되어 있다. 하지만 드로다운 플랜의 작성자들은 이 해결책들이 '합리적이고 낙관적이며 실현가능한 시나리오'라고 설명하면서도 이 해결책으로 필요한 드로다운, 즉 온실가스 감소가 실제로 나타나지는 않을 것이라고 말한다.[46]

드로다운 계획에서 제시하는 해결책 중 하나는 원자력 발전이다.(80가지 해결책 가운데서 20번째로 제안됨) 작성자들은 원자력 발전이 2030년까지 성장을 계속하고, 2050년이 되면 전 세계 전기수요의 12%를 제공할 것으로 본다. 작성자들은 "할 수 있는 모든 방법을 다 동원해야 하는 상황이기 때문에 원자력 발전의 역할 확대를 적극 지지해야 할 것"이라고 권고한다. 그러면서 원자력 발전에는 편집자주Editor's Note를 특별히 덧붙여놓았다. 다른 해결책은 대부분 많은 혜택이 따르고 '후회될 점은 없는' 반면, 원자력 발전은 여러 부정적인 결과를 초래하기 때문에 '후회할 해결책'이라는 단서를 단 것이다. 그러면서 편집자주는 문제가 발생한 원자력발전소 14개 곳의 이름을 열거했다. '브라운스 페리'Browns Ferry 원자로 사고를 예로 들었는데, 1975년 화재사고로 이곳의 원자로 가동이 모두 중단되었는데, 비상발전기가 가동되어 멜트다운Meltdown이나 인명 피해, 방사능 누출은 일어나지 않았다.[47] 편집자주도 이 '후회할 해결책' 없이 기후변화를 해결할 수 있다고 주장하지는 않았다.

드로다운Drawdown 접근방식은 단순히 "100% 재생에너지만 있으면 된다"라고 하는 주장보다 훨씬 더 포괄적이고 정교하다. 그러나 이 접근방식은 단순히 올바른 방향으로 나아가는 조치들에 초점을 맞춘다는 문제점이 있다. 그 조치들로 기후변화 문제를 실제로 해결할 수 있을지 여부는 따지지 않는 것이다.

또한 100% 재생에너지를 장려하는 것은 일반대중에게 원자력 에너지에 대한 부정적인 생각을 퍼트리는데 기여한다. 많은 자금이 투입되고 수십 년에 걸쳐 전 세계적으로 원자력 에너지에 대한 반대 캠페인이 벌어지자 사람들은 원자력 에너지는 불안하고, 재생에너지는 그런 불안감을 주지 않으면서 기후변화 위기를 이겨낼 수 있는 대안 에너지라는 생각을 갖게 되었다. 2015년 중국과 인도에서 실시한 여론조사에 따르면, 응답자의 약 절반이 재생에너지 확대를 지지하고, 약 4분의 1은 화석연료 확대를 지지한데 비해 원자력 에너지의 확대를 지지하는 사람은 10% 미만으로 나타났다.[48] 서양에서도 일반대중들은 깨끗하고 친환경적인 대안을 지지하는데, 그러면서도 그 대안들이 문제해결에 실제로 도움이 되는지 여부는 따져보려고 하지 않는다.

회사, 대학, 또는 도시 차원에서 '100퍼센트 재생에너지 전기'를 달성했다고 선언한다면, 그 주장은 사실이 아니다. 정확히는 100퍼센트 네트파워net power를 달성했다고 말하는 게 맞다. 네트파워 전력이란 수시로(전혀 그럴 필요가 없는 시간에) 남는 청정에너지를 대량으로 전력망에다 팔고, 또 어떤 때는 그만한 양의 '오염된 에너지'dirty energy를 전력망으로부터 구입해 들여오는 것을 말한다.

앞에서 본 것처럼, 이것은 오염된 에너지가 필요하지 않게 되는 것과는 한참 거리가 먼 이야기이다. 진정으로 100퍼센트 재생가능한 에너지에 의존하는 것은 백업 화석연료발전소의 도움을 받지 않고, 전력망으로부터 완전히 분리되는 것을 말한다. 그것은 실현가능하지 않을 뿐만 아니라 감당할 수 있는 일도 아니기 때문에 누구도 이를 달성한 적이 없다. 특정 국가나 기업 차원에서 이를 실천에 옮길 가능성은 없다.

재생에너지는 기후변화에 대한 해결방안에서 중요한 부분을 차지한다. 풍력 발전, 특히 태양광 발전의 비용은 최근 몇 년간 급격히 하락하고 있다.[49] 기술적, 경제적으로 전력망에 연결될 수 있는 지역에서는 이 전력이 화석연료 에너지를 대체하는데 도움이 될 수 있다.(이 전력이 전력망 전체에서 차지하는 비중이 낮을 때 대체 가능성은 더 높아진다. 예를 들어, 중국에서는 전체 전기의 4분의 3이 석탄화력에서 나오고, 풍력과 태양광에서 나오는 전기는 5퍼센트 정도인 반면, 독일과 캘리포니아에서는 이미 전체 전력의 약 3분의 1을 재생에너지로 만든다. 그렇기 때문에 중국에서 재생에너지의 비율을 늘리는 게 더 합당한 일이다.) 재생에너지를 늘리는 것은 좋은 일이다. 하지만 앞으로 10~20년 동안은 전 세계적으로 탄소 배출을 신속하게 줄이는 일에 관심을 집중하는 게 필요하다. 100퍼센트 재생가능에너지를 실천하는 것만이 유일한 해결책이라는 착각에 빠지지 않도록 해야 한다.

제6장

메탄도
화석연료

오래 전부터 석유산업에서는 원유 채굴 때 나오는 메탄가스를 '천연가스'natural gas라고 부르기 시작했다. 100년 전 오염된 석탄 처리과정에서 만들어지던 인공가스synthetic gas와 구별되는 말이다. '천연'이라는 표현이 환경친화적인 물질처럼 들리게 하지만 실제로는 환경친화적인 물질이 아니다. 모든 화석연료는 수천 년 동안 지하에서 압축된 수소와 탄소로 이루어진 분자들이다. 이를 채굴해내 연소시키는 것이다. 메탄CH_4은 석탄과 석유에 비해 더 '깨끗하게' 연소되며, 석탄 연기에 들어 있는 입자물질 같은 독성 잔재물도 더 적게 발생한다. 이 독성 잔재물은 폐암과 폐기종을 일으키는 원인이 된다.(상업용 천연가스에는 메탄 외에 다른 여러 분자가 10퍼센트 미만 포함되어 있지

만 여기서는 다루지 않기로 한다.)[1]

메탄은 연소될 때 생성되는 이산화탄소의 양이 단위 에너지 생산량 기준으로 석탄의 절반 정도이다. 최근 몇 년 동안 선진국들에서 메탄을 석탄 대신 사용함으로써 탄소 배출을 줄이는데 많은 진전을 이루었다. 특히 미국에서는 '프래킹'fracking이라는 혁신적인 공법(액체를 암석에 주입해 가스를 방출시키는 수압파쇄법)을 개발해 메탄이 석탄보다 비용이 더 저렴해졌다. 이 저렴한 메탄이 석탄 사용을 감소시킨 주된 원인이다. 진보주의자들이 '석탄과의 전쟁'에서 이겨서 그렇게 된 게 아니다. 원자력 산업이 경제적으로 매력을 잃게 된 것의 배경에도 값싼 메탄이 자리하고 있다. 어떤 연료도 미국산 메탄과는 경쟁이 되지 않는다. 정책적 지원과 보조금이 아니면 재생에너지도 마찬가지다. 사실, 생산량을 빠르게 늘리고 줄일 수 있는 메탄가스발전소는 변동성이 큰 재생에너지의 보조역할을 쉽게 할 수 있다. 그래서 전력망에 재생에너지를 추가한다는 말은 종종 실제로는 재생에너지와 메탄을 함께 추가한다는 의미이다.

미국 외에도 여러 나라가 메탄가스에 주목하고 있지만 크게 주목을 끌 정도는 아니다. 러시아는 많은 양의 메탄가스를 생산해 독일을 비롯한 유럽 여러 나라로 수출하고 있지만 지정학적 긴장 때문에 지장을 받고 있다.(대규모 파이프라인이 전쟁 중인 우크라이나를 통과한다.) 그리고 많은 나라들이 액화천연가스LNG를 수입해 사용하기 시작했는데, 프래킹한 유정에서 파이프로 뽑아내 그대로 소비자에게 전달되는 메탄만큼 저렴하지는 않다. 가스를 저온에서 냉각시켜 액화로 응축해야 하고, 그런 다음 운송선에 실어 운반하기 때문이다. 그러나 점차 인기를 얻고 있는 연료이다.

석탄보다 싸고 깨끗하다면 무엇이 문제인가?

프래킹 장소 인근의 수질을 오염시키는 것 외에도 기후 측면에서 두 가지 큰 문제가 있다.

첫째, 메탄에서 나오는 이산화탄소가 석탄의 절반 수준이라고 하지만, 그래도 그 양이 엄청나다. 메탄의 수요가 증가하면 이산화탄소도 그에 따라 증가한다. 많은 양의 메탄을 태우는 게 많은 양의 석탄을 태우는 것보다는 낫지만, 그래도 우리가 달성해야 하는 탄소 배출 감소 방향에 역행하는 것이다. 더 고약한 일은 파이프라인 건설과 액화천연가스 LNG 터미널 같은 메탄 인프라에 대한 투자는 수십억 달러 규모의 프로젝트이다. 투자금 회수에만 수십 년이 걸릴 것이기 때문에 계속 화석연료 기반 경제에서 쉽게 벗어날 수 없다는 문제가 있다.

그 다음, 석탄에서 메탄가스로의 전환은 한 번만 일어나는 일이기 때문에 탄소 배출을 줄임으로써 얻는 이득 또한 일시적인 것으로 그친다. 석탄에서 메탄가스로 전환하는 동안에는 이산화탄소 감축이라는 목표를 향해 눈에 띄는 진전을 이룰 수 있다. 하지만 그 전환과정이 완료되면 이산화탄소 배출 감소는 갑자기 멈추게 된다.

그리고 이 전환 자체가 어렵고 비용이 많이 드는 일이다. 또한 전환하더라도 화석연료에 의존하는 경제는 그대로 남는다. 미국에서는 저렴한 프래킹 공법으로 인해 메탄이 경제적인 연료가 되었지만, 그것도 대

사진: via Wikimedia Commons (CC Attribution-Share Alike 2.1 Japan).

석탄을 메탄가스로 대체하려면 프래킹 유정에서부터 LNG터미널,
파이프라인 네트워크에 이르기까지 화석연료 인프라를 새로 구축해야 한다.
사진은 2012년 대형 수송선이 일본 원전을 대체할 LNG를 싣고 가는 모습.

규모 파이프라인 인프라 건설에 대한 투자가 이루어진 다음에 가능한 일이다. 중국은 메탄 공급량이 미국에 비해 훨씬 적고, 석탄에서 메탄으로의 전환도 더 어렵다. 2017년에 중국은 강압적인 수단을 동원해 석탄에서 메탄으로의 신속한 전환을 시도했다. 당국이 나서서 각급 학교와 주택, 사업장에 설치돼 있는 석탄 보일러를 강제로 철거했다. 그런 다음 예년보다 이르게 더 추운 겨울이 찾아왔고, 순식간에 메탄가스 부족사태가 발생했다.

초등학교에는 난방이 되지 않았고, 주요 석유화학 기업이 가동 중단으로 공급계약을 이행하지 못해 의류 제조에 쓰이는 스판덱스의 세계적인 품귀현상이 벌어지기도 했다. 12월까지 중국 정부는 대규모 석탄화력발전소를 재가동하고, 학교와 가정용으로 쓰기 위해 공장용 메탄 사용을 중지시켜 4개월 동안 대규모 화학공장의 문을 닫도록 했다.[2] 하지만 이런 정책은 오염물질을 내뿜는 오토바이와 조리용 스토브의 퇴출과 함께 2018년 중국 대도시들의 겨울 공기를 깨끗하게 만들기도 했다.[3]

메탄과 관련된 두 번째 큰 문제는 가스 누출이 유정은 물론 파이프라인 시스템 전체에서 일어난다는 점이다.[4] 연소하기 전의 메탄가스는 강력한 온실가스이지만 공기 중에서 이산화탄소보다 더 빠르게 분해되어 존속 기간이 수백 년이 아니라 수십 년에 그친다. 불연소 상태의 메탄가스 1톤은 수십 년에 걸쳐 이산화탄소 1톤보다 80배 더 많은 온난화 효과를 발생시키며, 100여 년에 걸쳐 분해되는 동안에는 25배 더 강력한 온난화 효과를 낸다. 많은 전문가들이 석탄에서 메탄으로 완전히 전환하는 것이 기후 측면에서 실제로 이득이 아닐 수 있다고 생각한다.[5] 메탄가스는 연소될 때 훨씬 더 많은 이산화탄소가 방출되기 때문에, 기후변화 측면에서 불연소 메탄은 별로 심각하게 간주하지 않지만, 그래도 여전히 심각한 문제인 게 사실이다. 오늘날 수십 년에 걸친 메탄 누출로 인해 강력한 온난화 효과가 나타나고 있고, 이 기간은 기후가 불안정해지고 있는 시기이기 때문에 추세를 반전시키기 위한 행동에 신속히 나설 필요가 있다. 불연소 메탄은 바람직하지 않은 방향으로 사태를 더 악화시키며, 메탄가스를 연료로 쓰는 사람이 많아질수록 문제는 계속 더 악화될 뿐이다.

2015년 로스앤젤레스의 메탄가스 지하 저장시설에서 대규모 누출이 일어나 주민들의 건강문제가 발생하고, 마을 전체가 대피하는 일이 일어났다. 누출을 통제하기까지 4개월여 동안 약 10만 톤의 메탄가스가 대기로 배출되었다.(로스앤젤레스 지역 전체의 수개월 이산화탄소 배출량과 맞먹는 양이다.)

소를 비롯한 가축은 온실가스의 주요 원인으로, 매년 약 70억 톤의

2016년 로스앤젤레스 메탄가스 누출 현장을 촬영한 적외선 사진.

사진: Courtesy of Environmental Defense Fund.

이산화탄소 환산량(CO_2 equivalent)을 배출한다. 인간이 기후변화에 기여하는 배출량의 약 15%에 해당한다. 가축 배출량의 약 절반은 소가 소화하면서 내뿜는 가연성 천연가스인 메탄이다.(대부분 소의 트림) 이는 가축의 먹이를 바꿔서 해소할 수 있는 문제로, 가축이 기후변화에 미치는 영향을 줄이기 위해서는 농축산과 토지 이용 분야에서 변화를 이끌어내기 위한 적극적인 투자가 필요하다.[6] (식생활에서 소고기 대신 닭고기나 돼지고기 섭취를 권장하고, 채식을 하는 게 불연소 메탄과 에너지 사용을 크게 감소시킬 수 있는 길이다.) 2006년~2016년 사이 대기 중 메탄 농도는 이전 10년보다 10배 빨리 상승해 최근 수십 년 동안 가장 빠른 상승을 보였다. 이 증가의 원인이 무엇인지는 제대로 설명되지 않았지만, 아마도 벼 재배와 관련이 있을 수 있고, 화석연료 사용이 주원인은 아닐 가능성이 크다. 그렇다고 지구온난화 완화를 위한 노력에 지장을 주어선 안 된다.[7]

기후변화 측면에서는 중요도가 떨어지지만 짚고 넘어가야 할 문제가 바로 메탄가스가 수시로 누출되어 연소되면서 끔찍한 폭발사고를 낸다는 점이다. 2017년 10월에는 가나의 액화천연가스 저장시설에서 일어난 폭발사고로 7명이 사망하고 100명 넘는 부상자가 발생했다.[8] 2010년에는 샌프란시스코 인근 주거지역에서 가스 수송배관이 폭발해 100미터 이상 불길이 치솟으며 주택 35채를 파괴하고 8명의 사망자를 냈다. 1995년 한국에서는 도시가스 폭발사고로 100여 명이 사망했다. 등교시간에 일어난 사고라 피해자 대부분이 학생이었다. 1937년에는 텍사스주의 한 학교에서 메탄가스 폭발로 300명 가까운 아이들이 사망했다.

메탄은 천연가스이고 깨끗하고 청정하며, 값싸고 이용하기 편리한 물질로 알려져 왔다. 하지만 기후변화 대응에서 메탄의 역할은 제한적이다. 메탄의 역할을 활용하되 그것을 해결책이라고 생각하지는 말아야 한다.

A BRIGHT FUTURE

PART 03

두려움과 맞서기

Facing Fears

기후변화를 해결하기 위해서는

그동안 갖고 있던 막연한 두려움을 내려놓아야 한다.

그리고 탄소 배출 없는 원자력이

지금 우리의 주력 에너지원인 석탄보다

훨씬 더 안전하다는 사실을 받아들여야 한다.

제7장

원자력, 가장 안전한 에너지

2011년 일본 동부 해안, 후쿠시마현 약간 북쪽에서 거대한 지진과 쓰나미가 발생했다. 어촌 마을 오나가와에서는 파고가 거의 15미터에 달하는 해일이 밀어닥쳐 닥치는 대로 파괴하고 수백 명의 이재민을 만들었다. 이들은 가장 안전하다고 믿는 장소인 오나가와 원자력발전소로 대피했다. 그곳으로 대피한 사람들은 음식과 담요를 제공받았다. 그건 잘한 선택이었다. 많은 경우 대규모 자연재해가 일어나면 가장 안전한 대피 장소는 현지에 있는 원자력발전소다.[1]

1980년대와 1990년대에 건설된 오나가와의 원자로 3기는 발전용량이 2GW 이상으로 스웨덴 링할스발전소의 절반이 넘는다. 스웨덴과 마찬가지로, 이 원자로들은 수십 년 동안 큰 사고 한 번 없이 운영되어 왔다. 운명의 날인 2011년에도 높이 약 14미터에 이르는 해안 방파제가 물이 밀려들어오는 것을 막아주었고, 지진으로 외벽에 큰 균열이 여러 개 생겼음에도 불구하고, 원자로들은 사고 없이 정상적으로 운전을 중단했다. 방사능 유출은 없었고 다친 사람은 아무도 없었다.

해안을 따라 조금 더 아래쪽, 진앙에서 두 배 더 떨어진 곳에 있는 후쿠시마 다이이치(제1)원자력발전소에서는 일이 순조롭게 진행되지 않았다. 이곳의 원자로들에는 디젤 예비 발전기로 냉각수를 공급하고 있었는데, 여러 개의 예비 발전기가 대형 쓰나미에 모두 침수되고 말았다. 쓰나미는 높이가 6미터 정도밖에 되지 않는 원자력발전소를 막고 있는 방파제를 타고 넘어 들어왔다.(원자로 설계에 결함이 있어서가 아니라, 허술한 방파제를 만들어놓고, 침수 가능성이 있는 장소에 예비 발전기를 모두 모아 놓았다는 도저히 이해할 수 없는 일처리가 문제였다.) 며칠 지나지 않아 여러 원자로에서 다양한 문제가 발생했고, 그중 한 원자로의 중심부 노심이 과열되며 핵연료가 녹아내리는 용융熔融현상이 일어나고, 수소가 발생하며 폭발이 일어나 원자로 격벽이 붕괴되었다. 방사성 물질이 주변 지역과 바다로 누출되었고, 공포에 질려 우왕좌왕하며 거의 불필요한 대피령이 내려지고, 주민 수십만 명을 소개시켰다.

사고 지역에서 방사능으로 인해 사람들이 어느 정도의 피해를 입었는지는 논란의 대상이다. 그러나 만약 과학을 신뢰한다면, 여러분은 세계보건기구WHO를 비롯한 여러 유엔 기구가 매우 철저한 연구를 통해 내린 결론을 믿어야 한다. 이 전문가들은 방사능 누출로 인한 직접적인 사망자나 나중에 암 환자의 비율이 높아지면서 사망할 것으로 예상되는 사람들의 수 등에 대해 한결같은 답을 내놓고 있다. 그런 사망자 수는 거의 제로에 가깝다는 것이다.(이런 결론에 대해서는 이번 장의 끝부분에서 자세히 다루고 있다.)

사실 후쿠시마 원자로로부터 발생하는 건강 위험은 (가장 보수적인 분석 방법을 적용하더라도) 실제로 매우 낮아서, 돌이켜보면 아무도 대피시키지 않는 게 제일 적절한 대책이었을 것이다.[2] 수십만 명을 불필요하게 대피시키는 와중에 병원에서 소개된 입원환자들 가운데 50여 명이 사망했다.[3] 그리고 강제로 소개된 사람들 가운데 심리적 스트레스에 시달린 나머지 장기적으로 비만, 당뇨, 흡연, 자살과 같은 요인으로 사망한 사람이 1,600명에 이른다.[4] 그리고 중증질환자들 중에서 얼마나 많은 이들이 대피하지 않았더라도 사망하게 되었을지, 그리고 심리적인 스트레스를 앓은 이들 가운데 몇 명이 지진과 쓰나미라는 재해가 아니라 소개 조치 때문에 그렇게 된 것인지는 단정하기 어렵다. 사고가 나고 1년 뒤에도 10만 명 이상이 여전히 대피생활을 이어갔지만, 사고 지역의 사망률은 정상 수준으로 회복되었다.[5]

반면 일본의 다른 지역에서는 지진과 쓰나미라는 재해 자체로 인한 사망자 수가 1만 8,000여 명에 이르고, 많은 사람이 부상당하고, 수천억 달러에 이르는 피해가 초래됐다. 후쿠시마현의 지진은 일본 역사상 기록된 가장 대규모 지진이고, 세계적으로 세 번째로 큰 지진이었다. 하지

출처: Toshifumi Kitamura/ AFP/Getty Images.

2011년 쓰나미로 폐허가 되다시피한 후쿠시마 인근 지역.
후쿠시마 원전사고와는 무관한 지역.

만 불과 5년 만에 이 역대급 재앙의 상처는 세계인의 기억 속에서 거의 자취를 감추고, 논의의 초점이 '후쿠시마 원전사고가 빚은 재앙'에 맞춰져 있다.

사실 후쿠시마에서 원전 사고로 인한 대재앙은 일어나지 않았다. 종말론적 규모의 자연재해가 발생했고, 그 결과 후쿠시마 원자력발전소에서는 매우 비용이 많이 들고 혼란스러운 소동이 벌어졌지만 실제로 발생한 것은 사망자가 없는 산업재해였다. 그런 사고에 불필요한 소개 조치가 어처구니없이 취해진 것이다.

하지만 그로 인해 수천 명이 목숨을 잃었다. 일본과 독일은 원자력 발전소에 대해 겁을 먹고 패닉에 빠졌다.(이보다 더 적합한 단어는 없다) 그리고 완벽하게 잘 작동하고 있는 안전한 원자력발전소들을 폐쇄시켰다. 일본은 54기의 원자로를 폐쇄시키고, 독일은 그보다 8기를 더 폐쇄시켰다. 폐쇄된 원자로들은 여러 해가 지난 뒤에도 계속 폐쇄된 채로 남았다. 이 원전들은 대부분 어쩔 수 없이 석탄을 비롯한 화석연료로 대체되었다. 이 화석연료들은 미세먼지와 독성물질로 대기를 오염시켰고, 그로 인해 주민들 가운데 암과 폐기종 환자 수가 크게 늘어났다.[6] 정확한 수치는 파악하기 어렵지만, 화석연료로 전환함으로 인해 발생한 사망자가 연간 수천 명은 넘을 것이 분명하고, 6년 동안 1만 명은 족히 넘을 것이다.[7]

따라서 2011년 후쿠시마 지진과 쓰나미의 피해자 수를 정리하면 이렇다. 지진과 쓰나미로 인한 재해 사망자 약 1만 8,000명, 원자력발전소 사고로 인한 사망자는 제로, 서투른 주민 소개로 인한 사망 가능성 1,000명, 청정에너지인 원자력 발전을 더러운 화석연료로 대체함으로써 발생한 느린 재앙으로 인한 사망자는 1만 명 이상. 방사능으로 인해 사람이 죽는 일은 거의 없지만, 방사능에 대한 공포는 많은 사람을 죽음에 이르게 한다.[8]

스리마일 아일랜드와 체르노빌

다른 유명한 원전 사고는 어땠을까?

스리마일 아일랜드Three Mile Island 사고는 미국에서 가장 큰 원전 사고였다. 1979년 원자로 과열로 노심이 부분적으로 녹아내렸지만 격납 건물 덕분에 방사능이 주변 환경에 영향을 미치지는 않았다. 비용은 많이 들었지만 인명피해는 없었다. 불행하게도 이 사고는 제인 폰다Jane Fonda 주연의 허구적인 원전 재앙을 다룬 영화 '차이나 신드롬'The China Syndrome 이 관객들을 사로잡던 때에 일어났다. 사람들은 영화가 시사하는 대로 원전 사고가 언제든지 일어날 수 있는 재앙이라고 받아들였다. 사람들이 패닉에 빠져들며 원전의 격납 건물이 방사능 누출을 막았다는 사실은 설 자리를 잃고 말았다.

1986년 우크라이나(당시 소련 연방의 일부) 체르노빌에서는 격납 건물을 짓지 않은 원자로에서 사고가 발생했다. 설계 잘못과 근무자의 잇단 실수가 겹쳐져 대기 중으로 많은 양의 방사능이 누출되었다. 소련 정부는 이 사실을 비밀에 부치려고 했고, 당국이 문제를 인정하기 전에 방사능은 이미 북유럽 전역으로 확산되었다. 소련 당국은 현지 주민들에게 구급약인 요오드 알약도 나눠주지 않는 등 필요한 구호조치를 취하지 않았다.

사망자가 몇 명이었을까? 사고현장에서 수십 명이 사망했는데, 대부분이 다량의 방사능 물질이 흘러나온 상황에서 원자로 폭발 화재를 진

압하기 위해 나선 구급대원들이었다. 유엔 전문가들은 방사능이 미친 영향을 주의 깊게 연구한 결과, '수천 명'이 방사능 노출로 인한 암 발병 등으로 사망했을 가능성이 있다고 결론 내렸다. 다만 전체 인구 가운데서 사망자 증가율은 매우 미약해서 '파악하기가 극히 어렵다'는 결론을 내렸다.[9]

체르노빌 원자로는 시멘트를 쏟아부어 콘크리트 석관처럼 만들었고, 발전소 주변 1,000평방마일에 달하는 격리 지역 내 주민들은 소개되었으며, 지금까지도 접근 제한 조치가 취해지고 있다. 수십 년이 지난 뒤 격리 지역의 생태계를 연구한 과학자들은 유럽에서 가장 건강한 생태계가 복원되고 있는 것으로 보고 있다. 인간이 떠남으로써 그곳의 동물과 식물들에게 기적 같은 일들이 일어난 반면, 다량의 방사능 누출로 초기에는 오염 지역을 중심으로 심각한 영향을 미쳤지만, 시간이 지나며 동식물들에게 그렇게 심각한 영향을 미치지는 않은 것으로 나타났다.[10] 체르노빌 사고 이후 모든 것이 괜찮아졌다고 말하려는 게 아니다. 괜찮아진 건 결코 아니다. 하지만 역사상 최악의 원전 사고가 일어났지만 그 피해는 최근에 우리가 겪은 지진, 허리케인, 산업재해, 전염병보다 훨씬 덜 치명적이라는 점을 지적하려는 것이다. 이후 밝혀진 바와 같이 사고 뒤 체르노빌 일대의 격리 지역에서 주민을 대규모로 대피시킬 필요가 있었느냐는 점도 과학적으로 입증이 되지 않았다.[11]

그렇다면, 이는 50년 넘게 1만 6,000개 이상의 원자로를 가동시켜 온 원자력발전소 역사의 매우 안전한 기록이라고 할 수 있다.[12] 소련에서 매우 심각한 사고가 한 번 발생했고, 시간이 지나면서 최대 4,000명까지 사망자가 발생했을 가능성이 있다. 일본에서 일어난 '재앙'이라고 부르는 사고에서는 사고로 인한 직접적인 사망자가 한 명도 없었다. 미국에서 일어난 사고는 비싼 시설을 파괴했지만, 그보다는 엄청나게 과장된 두려움과 공포를 불러왔다. 미국에서 원자력발전소는 지금도 국가 전체 전기의 약 5분의 1을 생산하지만, 원전 사고로 인한 사망자는 단 한 명도 없었다.

다른 에너지원들은 안전 면에서 어떻게 비교될까? 먼저 석탄을 보자. 석탄은 여전히 전 세계 에너지 공급 면에서 압도적인 위치를 차지하고 있고, 심지어(천연가스가 주류를 차지하는) 미국에서도 원자력 발전과 석탄화력 발전을 놓고 선택을 고민해야 하는 상황이다. 2011년 후쿠시마 원전 사고 이후 일본과 독일에서 원자로 일부가 가동 중단되었고, 그 자리를 석탄으로 대체했다. 미국에서는 2017년 사우스캐롤라이나에서 공사가 중단된 두 기의 원자로가 같은 주에 있는 석탄화력발전소를 대체할 예정이었다. 원전 공사가 중단됨에 따라 석탄발전소는 계속 가동되고 있다.[13] 환경단체들은 1970년대 오하이오주에서 원자력발전소 건설을 막는데 성공했지만, 석탄발전소가 대신 지어지는 것은 조용히 지켜보았다. 지금도 오하이오주에서는 전력 생산의 대부분을 석탄이 맡고 있다. 오하이오주에서는 97% 건설된 원자로 한 곳이 시위 등으로 공사가 중단된 뒤 석탄화력발전소로 전환되었다.[14] 위스콘신주 매디슨에서는 수십 년 전 원전을 지어 전기를 공급하려고 했다가 격렬한 정치적 시

출처: Anil Markandya and Paul Wilkinson "Electricity Generation and Health," Lancet 370 (2007): 981, Used by permission.

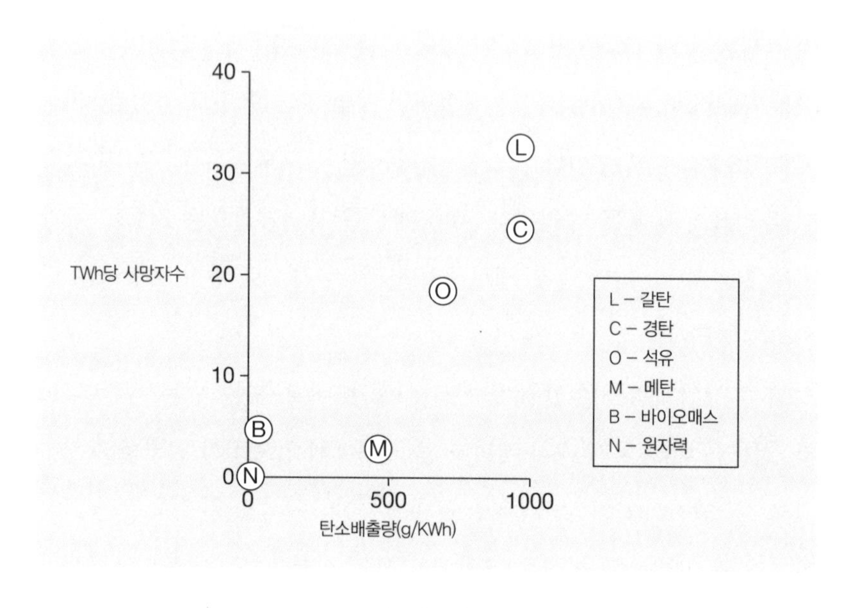

유럽 내 연료별 전기 생산에 따른 사망자와 이산화탄소 배출량.

위로 건설계획을 취소하고, 대신 대형 석탄화력발전소에서 전력의 대부분을 공급하고 있다. 따라서 석탄이 상당량 사용되고 있는 현실을 감안할 때 원전과 석탄 발전은 서로 꼼꼼히 비교해서 선택할 필요가 있다.

매년 진 세계적으로 석탄으로 인한 사망자는 대략 1백만 명이 넘는다. 대부분은 암을 비롯한 여러 질병을 일으키는 미세먼지로 인한 사망이다. 이들은 끔찍하고 고통스러운 죽음을 맞이하지만, 큰 재난사고 희생자들과 달리 사람들의 관심을 받지 못하는 경우가 대부분이다.

전 세계에서 매년 약 1만 TWh의 전기가 석탄으로 생산되며, 그 가운데 약 3,000TWh는 부유한 나라들에서 생산되고, 나머지 7,000TWh는 가난한 나라들에서 생산된다.[15] 유럽에서는 1TWh당 29명의 사망자가 발생하고, 중국에서는 1TWh당 77명의 사망자가 발생한다는 추정 통계가 있고,[16] 이를 바탕으로 전 세계적으로 석탄을 사용한 전기 생산으로 인한 사망자만 매년 약 60만 명에 이르는 것으로 추정된다.(석탄은 난방과 산업용 전력으로도 광범위하게 사용되고 있으며, 이 또한 인체에 치명적인 영향을 미친다.)

석탄은 대기오염 효과 외에도 안전 부분에서 끔찍한 기록을 가지고 있다. 안전사고는 세계 곳곳에서 일어난 끔찍한 석탄광산 사고에서부터 주로 빈곤 지역에 자리한 석탄 공장 주변의 유독 폐기물 관련 사고까지 다양하다.(석탄광산 사고는 지금도 매년 세계 전역에서 여러 차례씩 일어난다) 예를 들어, 1972년 미국 웨스트버지니아주에서 댐이 붕괴되면서 약 9미터 높이의 석탄 폐기물 슬러지가 16개 도시로 몰려가 125명의 사망자가 발생했다. 2008년에는 테네시주의 한 화력발전소에서 유독성 석탄재가 쏟아져 나와 인근 강으로 유입돼 상수원을 오염시켰다. 흘러나온 석탄재는 축구경기장 절반을 약 반 마일 높이로 채울 만한 정도였으며, 미국 역사상 최악의 환경재난으로 불리는 석유시추선 딥워터 호라이즌 Deepwater Horizon 폭발사고에서 유출된 석유 양보다 더 많았다.[17] 그린피스Greenpeace는 당국이 이 사고를 예방할 수 없었는지에 대해 알려달라고 요구했다.[18] 당연히 예방할 수 있는 일이었다. 정부가 사고 현장에서

20마일 떨어진 곳에 1983년 미국 상원이 종결시킨 원형증식로prototype breeder reactor, 增殖爐 건설을 승인했더라면 그 사고는 막을 수 있었을 것이다. 하지만 이 원자로 건설안은 1983년 상원에서 부결되었다.

지난 50년 동안 석탄 발전으로 인한 사망자와 원자력 발전으로 인한 사망자를 비교하면, 체르노빌과 후쿠시마를 포함해 그 차이는 너무도 명백하다. 석탄으로 인한 사망자는 수천만 명에 이르고, 원전으로 인한 사망자는 수천 명 정도에 그친다. 유럽에서 실시한 대규모 연구에 따르면, 1TWh 전력 생산을 기준으로 석탄으로 인한 사망자는 약 30명, 원전으로 인한 사망자는 0.1명 미만으로 추산된다. 석탄으로 인한 사망자가 원전보다 몇 백 배 더 많다.[19] 수십 년 동안 전 세계적으로 원전으로 대체되지 않았더라면 석탄화력발전으로 200만 명 넘는 사람이 더 목숨을 잃었을 것이다. 원전에서 철저한 안전조치를 취한 덕분에 이들의 목숨을 구한 것이다.[20] 석탄 발전과 원전으로 인해 생긴 심각한 질병 사례는 각각 사망자 수의 약 10배이다. 이는 최근 수십 년간 석탄 오염으로 인해 발생한 질병 사례가 수억 건에 이른다는 것을 의미한다.[21]

안전 면에서의 이러한 차이는 이산화탄소 배출의 차이보다 더 뚜렷하다. 만약 지구온난화에 월등히 더 많이 기여하는 주범인 에너지원이 탄소 배출량 제로인 대안 에너지원보다 훨씬 더 안전하다면 우리는 딜레마에 직면할 것이다. 하지만 사실은 정반대이다. 탄소 배출량 제로인 청정에너지원이 석탄보다 수백 배 더 안전한 것이다.

다른 에너지원들도 석탄보다는 위험성이 적다고 하지만 여전히 원

출처: Markandya and Wilkinson, "Electricity Generation and Health."

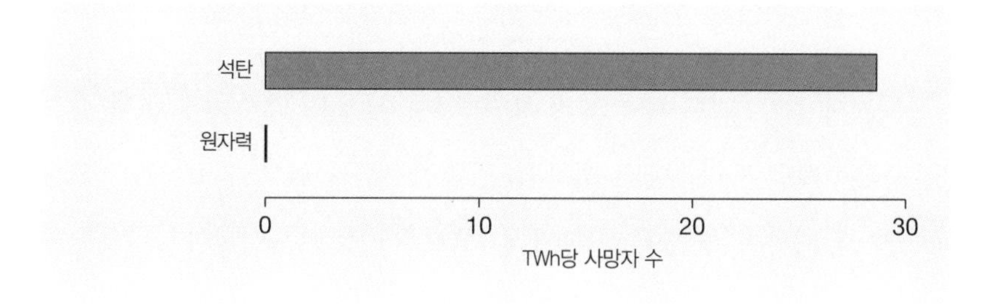

유럽에서 생산 전력 1TWh를 기준으로 원전의 사망자와 석탄 발전의 사망자 비교.

전의 안전기록은 따라잡지 못한다.[22] 메탄가스는 폭발할 수 있다.(제10장 참조) 석유도 폭발하고 유출될 수 있으며, 이런 위험성은 2010년 멕시코만의 딥워터 호라이즌Deepwater Horizon폭발사고에서 생생하게 입증됐다.(11명 사망, 5백만 배럴 유출) 원유 수송열차는 달리는 폭탄과 마찬가지로, 2013년 캐나다의 시골마을 라크-메간틱Lac-Mégantic은 원유 수송열차가 탈선한 다음 폭발해 마을이 완전히 파괴되고 47명이 사망했다.

수력발전댐도 전혀 안전하지 않다. 댐이 파괴되면 하류지역에 있는 마을은 순식간에 물에 잠기게 된다. 1975년 중국 동부 허난성河南省의 반차오댐이 태풍의 영향으로 무너져 17만 명이 사망했다. 미국에서도 댐 파괴로 1889년에 2,200명, 1928년에 600명, 1972년에 238명이 사망한 사례가 있다.[23] 2017년 미국 캘리포니아주와 푸에르토리코에서는 수력발전댐의 붕괴위기로 수십만 명이 강제 소개되었다.[24]

방사능 공포

원전에 대한 일반 대중의 우려 중 상당 부분은 방사능에 대해 갖고 있는 본능적인 두려움에서 비롯된다. 방사능은 눈에 보이지 않고, 잠재적으로 유해하며, 핵무기와 관련해 사람들이 갖고 있는 두려운 상상과 결합돼 있다.[25] 방사능은 고질라, 판타스틱4, 헐크, 스파이더맨을 탄생시킨 공포의 물질인 것이다.

방사능은 정도의 차이는 있지만 우리의 일상생활에 함께 존재한다. 방사능이 인체에 미치는 영향을 나타내는 단위는 밀리시버트mSv이다. 우리가 일상생활에서 자연으로부터 받는 방사선 양은 평균적으로 연간 약 3mSv이지만 상황에 따라 크게 달라진다. 하루에 담배 한 갑을 피우면 연간 약 9mSv가 증가한다. 콜로라도주 덴버처럼 고도가 높은 지역에 살면 연간 약 2mSv가 추가된다. 그리고 뉴욕-도쿄 노선의 항공기 승무원으로 일하면 높은 고도에서 강해지는 우주방사선cosmic radiation으로 인해 연간 약 9mSv가 증가한다. 화강암은 방사능을 지니고 있기 때문에 화강암이 풍부한 지역에 살면 퇴적토 지역에 비해 방사능 노출량이 증가한다. 화강암으로 지어진 뉴욕의 그랜드센트럴역에서 계속 시간을 보내면 연산 약 5mSv가 늘어난다.[26]

자연으로부터 받는 방사선 양 중에서 가장 높게 기록된 것은 이란의 람사르 주민들이 받는 것으로(이곳 온천에 라듐이 함유되어 있음) 연간 200mSv가 넘는 높은 수준을 나타냈다. 과학자와 당국은 주민들이 이렇게 높은 수준의 방사능에 노출되는 것에 대해 걱정했지만, 주민 건강에 부정적인 영향을 미친다는 증거는 아직 나타나지 않았다.[27] 이보다 강도는 낮더라도 자연 방사선 수준이 높은 '핫스팟' 지역은 여러 군데 있다.[28]

의료 과정도 방사선 노출을 증가시키며, 인간이 노출되는 방사선의 약 3분 1을 차지한다.(나머지 3분의 2는 자연 방사선) 흉부 CT 스캔은 한 번에 약 7mSv의 방사선을 특정 시간과 장소에 집중적으로 쐬지만 인체에 해를 입히지 않는다.[29] 미국식품의약국은 성인 한 명이 진단을 위해 쏘

CT 스캔을 하면 후쿠시마 원전 사고 인근에 있는 정도의 방사선에 노출된다.

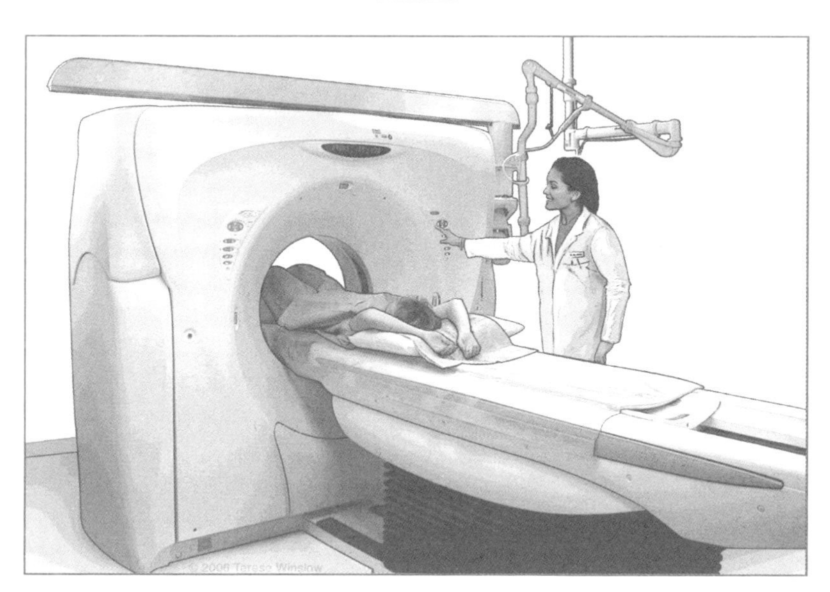

삽화: Terese Winslow, Used by permission.

일 수 있는 방사선 양의 한도를 1년에 50mSv로 정해놓았다. 치료용으로 사용하는 방사선 수준은 진단용보다 훨씬 더 높다. 갑상선암 방사성 요오드 치료의 경우 갑상선에 10만mSv의 방사선을 쐬고, 몸 전체 기준으로는 200mSv의 방사선을 쐰다.[30]

급성방사선 효과Acute radiation effects는 약 1,000mSv에서 발생하며, 연간 6만mSv 수준으로 방사선에 노출되는 경우 한 달 안에 대상자의 절반이 사망한다.[31] 따라서 이란 람사르에 거주하는 사람들의 경우 노출되는 방사선 수준이 연간 약 200mSv로 괜찮아 보이지만 그보다 더 높아지는 것은 바람직하지 않다. 2007년 국제방사선방호위원회ICRP는 직업적인 방사선 노출의 한계를 '1년에 50mSv를 넘지 말도록' 권고하였는데, 이는 진단용의 경우와 같다.[32] 미국 원자력발전소 근무자들의 방사선 노출한계도 이와 같다.

2011년 후쿠시마 '재앙' 때는 발전소 외부의 방사능 노출 정도가 낮았다. 세계보건기구WHO는 가장 영향을 많이 받은 지역은 연간 10~50mSv, 후쿠시마현의 다른 지역에서는 연간 1~10mSv로 추정하였다. 다른 현에서 이 정도 수치가 나왔으면 낮은 것이다. 긴급구조 요원 가운데 75명은 실제 노출량이 100~200mSv이고, 12명은 200mSv 이상 방사선에 노출되었는데, 이들은 인체에 아무런 영향도 받지 않는 것으로 나타났다. 1년이 지나며 방사선 노출량은 크게 낮아졌다.[33] ICRP가 권고하는 직업상 노출한계인 연간 50mSv를 초과한 사람은 극소수에 불과했고, 일반인들은 초과한 사람이 한 명도 없었다.

원자력 발전에 반대하는 사람들은 '문턱 없는 선형'LNT,linear no threshold 가설에 의존한다. 많은 양의 방사선이 인체에 해롭다면, 작은 양의 방사선도 그에 비례해서 해로울 것이라는 가설이다. 이 가설은 10명이 1,000mSv의 방사선에 피폭되어 암에 걸린다면, 1,000명이 10mSv의 방사선에 노출되어도 암에 걸릴 위험은 마찬가지일 것이라고 주장한다. 매우 높은 수준의 방사능에 피폭된 1945년 히로시마 원자폭탄 피해자들로부터 이 가설을 도출해냈다. 하지만 이란의 람사르처럼 방사선 피폭 수준이 서로 다른 여러 지역에서 인체에 비슷한 결과들이 나타난다는 사실을 보면 이 가설은 근거가 희박하다. 이는 마치 높이 1피트의 언덕에서 100번 점프하는 것이나 100피트 높이의 절벽에서 한 번 점프하는 것이나 인체에 같은 영향을 미친다고 말하는 것과 비슷하다. 인체는 오랜 시간에 걸쳐 작은 충격을 반복해서 받으면 이를 잘 이겨낸다. 즉 우리 몸은 낮은 높이에서 점프를 여러 차례 하는 것처럼 낮은 수준의 방사선 피폭을 반복해서 받는 것은 한꺼번에 큰 충격을 받는 것보다 더 잘 이겨낼 수 있다.

적은 양의 방사선 피폭이 실제로 인체에 유익하다는 것을 보여주는 과학적 증거도 있다.[34] 하지만 아직 보편적으로 인정받은 공식은 없고, 그 한계가 정확히 어디인지 아무도 모른다. 그래서 지금은 대부분의 지역에서 '문턱 없는 선형'LNT 가설을 바탕으로 정책수립이 이루어지고 있다.[35](ICRP는 방사선 피폭 수준이 200mSv가 되면 치명적인 암 발병 위험이 1% 더 높아지는 것으로 추정한다.)[36] 따라서 후쿠시마 인근 주민들의 경우는 주민 전체가 추가로 아주 적은 양의 방사선 피폭이 이루어지더라도 암으로 인한 사망률의 증가로 이어질 것이라는 가설이 성립하게 된다.

LNT 가설에 따르면, 지극히 안전한 대리석 건물인 뉴욕의 그랜드센트럴역Grand Central Terminal도 히로시마 원폭보다 약간 덜 위험한 버전으로 간주된다. 앞에서 설명한 것처럼 대리석이 있는 곳에서는 방사선 수준이 연간 약 5mSv 늘어나 일반 평균보다 약간 높아진다. 매일 하루 75만 명의 방문객이 이곳을 찾아 평균 20분씩 머문다고 가정하면 그랜드센트럴역은 연간 2~3명 암 사망자를 유발하는 곳이 된다.[37] 이곳이 원자력발전소였다면 사람들은 당장 폐쇄하라고 외쳐댔을 것이다!

WHO의 후쿠시마 보고서는 LNT 가설을 보수적으로 적용했다. 보고서는 '생애귀속위험'LAR을 산출했는데, 이는 '인구 대표 구성원에서 방사선 피폭으로 인한 암의 조기발병확률'을 나타낸다. WHO는 후쿠시마현의 가장 피해가 큰 지역들에서 갓 태어난 여아가 평생 갑상선암에 걸릴 확률은 최악의 경우 70% 증가했다고 보고했다. 그러나 이는 1% 미만으로 매우 낮은 기초baseline 갑상선암 발병률을 기준으로 삼아 위험 증가폭을 나타낸 것으로, 실제로 위험이 증가한 사례는 매우 적다. "기초 발병률을 기준으로 삼는 경우 실제로 위험이 증가한 사례가 매우 적을 가능성이 높다. 따라서 공중보건에 미치는 영향은 제한적일 것이다." 다른 인구 집단과 다른 암의 경우에는 암 위험 증가폭이 이보다 훨씬 낮았다.[38]

결국 최대한 보수적으로 가정해서 극히 사소한 위험을 큰 인구집단으로 확대 적용하면, 후쿠시마 사고로 인해 몇 명이 암에 걸릴 수 있게 된다. 그것은 그랜드센트럴역을 걸어서 지나가거나 비행기를 타는 사람, 덴버 같은 고지대에 사는 사람들이 암에 걸린다고 주장하는 것이나 마찬가지다. 설사 그렇다고 하더라도, 그리고 LNT 가설을 적용하더라도, 그 숫자는 일본이 후쿠시마 사고 이후 원자력발전소를 폐쇄하고 화석연료 발전소를 가동하고, 그 영향으로 인해 사망하게 될 수천 명보다는 훨씬 적을 것이다. 지진과 해일로 1만 8,000명이 사망한 것과도 비교할 수 없을 정도로 적은 수이다. 게다가 만약 우리 몸이 실제로 시간과 장소에 따라 다양하게 변하는 낮은 수준의 방사선을 처리할 능력을 갖고 있고, 낮은 수준의 방사선은 원자폭탄 피폭의 소규모 버전과 다르다면 후쿠시마 사고로 인해 암에 걸릴 사람은 아무도 없을 것이다. 어느 쪽이 됐건 역사상 두 번째로 큰 원자력발전소 사고는 평시에 평균적인 석탄화력발전소가 안고 있는 위험보다 덜 치명적이었다.

테러 공격

2001년 9/11 테러가 일어나고부터 일반대중은 테러범이 언제든 비행기를 무언가에 충돌시킬 위험성이 있다는 상상을 쉽게 하게 되었다. 사람들은 비행기가 원자력발전소에 충돌하면 멜트다운이 일어나 거대한 방사능 버섯구름이 분출하고, 아니면 방사능 누출이라도 일어날 것이라고 쉽게 상상한다! 하지만 테러범 입장에서 원전은 공격 목표로서 좋지 않은 목표물이다. 우선, 사무실 건물과 달리 원자력발전소는 지면 가까이 낮게 지어지기 때문에 명중시키기가 어렵다. 둘째, 사무실 건물과 달리 원전은 외벽이 유리창이 아니라 철강으로 보강된 두터운 콘크리트로 만들어져 있다. 반면에 비행기는 가볍고 기체 표면은 얇은 막으로 되어 있다. 중요한 세 번째로, 원자로와 사용후핵연료 저장소는 지하에 위치하는 경우가 많다. 9/11 이후 나온 분석은 연료를 가득 실은 보잉 767기가 원자력발전소와 정면충돌하더라도 원자로에 거의, 혹은 아무런 피해도 입히지 못할 것이라는 결론을 내리고 있다.[39]

제8장

위험과 두려움의 차이

왜 사람들은 안전에 대한 우려 때문에 원자력발전소를 폐쇄시키자고 하면서 그보다 훨씬 더 위험한 석탄발전소는 그대로 두려고 할까? 이러한 태도를 이해하는데는 어느 정도 심리적인 설명이 도움이 된다.[1]

우선, 사람들은 위험을 평가할 때 그 사건이 얼마나 쉽게 기억나는지, 얼마나 끔찍한 사고인지를 기준으로 삼는다. 쉽게 상상되거나 생생하게 기억나는 사건이 일어날 확률을 더 높게 보는 것이다.[2] 자동차 운전이 비행기보다 훨씬 더 위험하지만 사람들은 비행기 타는 걸 더 두려워한다. 비행기 추락사고는 피해 규모가 크고 더 극적인 요소를 갖고 있기 때문이다. 9/11 테러 이후 비행기 사고로 죽은 사람보다 자동차 사고로 죽은 사람이 더 많다. 사람들이 비행기 추락이 무서워 자동차로 더 몰렸기 때문이다.[3] 마찬가지로, 원자력발전소 사고는 더 극적인 요소를 갖고 있으며, 모두가 패닉상태에 빠지면 더 그렇게 된다. 특히 일본의 지진, 해일처럼 실제 재해나 영화 '차이나 신드롬'The China Syndrome 같은 상상 속 재해가 사람들의 마음 안에서 교차되면 더 드라마틱하게 변한다.(후쿠시마 사고 후 몇 년이 지나며 실제 위험요소는 변한 게 없지만 일본시민들 사이에 불안감은 줄어들었다. 추정컨대 관련 뉴스 횟수가 줄면서 공포감의 생생함도 따라서 줄어들었기 때문일 것이다.)[4] 이와 달리, 대부분의 석탄 관련 사망 사고는 서서히, 그리고 분산된 형태로 진행된다. 통계수치로는 나타나지만 사고의 원인도 구체적으로 특정되지 않는다.

사람들은 일반적으로 일어날 가능성이 낮지만 일어났다 하면 큰 결과를 초래하는 사건의 위험성을 과대평가하는 경향이 있는데, 그런 사건이 두려움의 대상인 경우에 특히 더 그렇다. 비행기 추락이나 테러 공격처럼 우리가 제어할 수 없고, 일방적으로 당하게 되며, 끔찍한 재앙으로 이어지는 사건들이 그렇다. 사람들은 원전사고도 이런 범주에 속한다고 생각한다. 마음 속 깊이 자리한 막연한 두려움인 핵전쟁의 공포도 이러한 경향에 영향을 미친다.[5]

결과를 모르거나 제대로 알지 못하는 경우, 그리고 사건의 파장이 제때 알려지지 않는 경우에도 두려움이 증폭되고 위험성은 과장된다. 원자력발전소 사고는 눈에 보이지 않는 방사능을 확산시키고 몇 년 지난 후에 암을 유발할 수 있다. 하지만 위험에 대한 정보를 더 많이 안다고

출처: Ian Savage, "Comparing the Fatality Risks in United States Transportation Across Modes and over Time," Research in Transportation Economics 43, no. 1 (2013): 14.

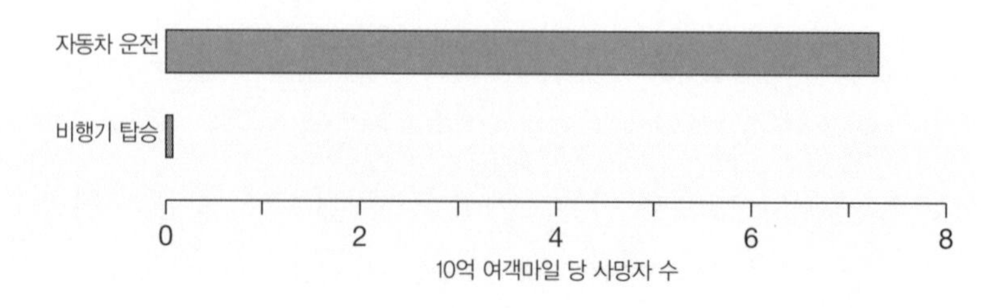

자동차 사고 사망자와 비행기 사고 사망자 수 비교, 2015년 미국.

반드시 두려움이 줄어드는 것도 아니다. 불안하면 사람들은 이미 갖고 있는 두려움을 뒷받침하기 위해 정보를 선택적으로 모으려고 할 수 있기 때문이다.[6]

원자력 발전은 여러 측면에서 위험하다는 생각을 갖게 만든다. 1987년에 발표된 위험성 인식의 심리학을 분석한 논문에서는 원자력 발전을 전문가 의견과 일반대중의 인식이 따로 노는 가장 뚜렷한 사례로 들고 있다.[7] 미국인들의 위험에 대한 태도를 연구한 조사결과는 이렇게 쓰고 있다. "원자력 발전은 고위험성과 관련된 거의 모든 특성에서 모두 극단적으로 높은 점수를 기록하는 불명예를 보여주고 있다. 원자력이 가진 위험성은 우리가 원하는 결과가 아니고, 결과가 즉각 나타나지 않으며, 통제할 수 없고, 겪어본 적이 없는, 끔찍한 재앙을 초래하며, 두렵고, 처절한 결과를 예고하는 것들이다." 반면에 의료용 엑스레이 같은 위험에 대해 사람들은 비슷한 양의 방사선이 방출되더라도, 그 결과가 덜 재앙적이고, 덜 무서우며, 더 친숙한 것으로 받아들였다.[8]

방사능에 대한 공포는 사람들이 오염 가능성에 대해 가진 불안감과 연결돼 있다.[9] 우리 눈에 보이지 않고, 대부분의 사람들이 그것의 정체를 제대로 모른다는 사실 때문에 방사능은 더 비밀스런 존재로 받아들여지고 있다. 그러나 사실 우리는 모두 매일 방사능에 노출되고 있다. 원자력발전소에서 나오는 방사선은 비행기 여행, 고지대에서의 생활, 의료용 스캔 등과 비교하면 미미한 양에 불과하다. 오염에 대한 두려움 때문에 모든 방사선을 없애려 한다면, 그것은 건강한 자연 생태계의 일부인 박테리아를 감염에 대한 두려움 때문에 모두 없애려고 하는 것과 다를 바 없다.

방사능에 대한 두려움은 특히 영화와 같은 대중문화에서 꾸준히 다루는 주제가 되었다. 1950년 이후 많은 B급 공포영화들이 방사능을 도구로 이용했다. 괴짜 과학자들이 방사능을 통해 통제불능의 파괴적인 능력을 얻고, 재앙을 부르는 내용들이었다. 대부분의 경우 사람이나 동물이 방사능의 영향으로 더 거대해지고, 분노를 표출하는 존재로 변했다. 그렇게 해서 거대한 개미, 문어, 게, 도마뱀, 방사성 공간 얼룩space blobs이 수십 년 동안 스크린에서 무서운 장면을 펼치며 관객들을 공포에 떨게 하고, 방사능의 위력에 대한 사람들의 두려움을 강화시켰다.[10]

무엇보다도 원자력발전소에 대한 두려움은 이 산업이 냉전시기에 시작되었다는 사실, 그리고 핵무기와의 관련성에 뿌리를 두고 있다. 특히 초기 냉전시절에 태어나고 자란 베이비붐 세대들의 경우는 "핵무기와 방사능 낙진에 대한 공포감이 원자력발전소에 대한 거부감으로 이어졌다."[11] 이 두 가지는 사실상 서로 상관이 없지만 역사적으로는 관련이 있다. 핵분열 에너지는 먼저 폭탄 제조, 그 다음에는 전력 생산에 쓰였으며, 전력 생산에 사용된 기술은 미국에 핵무기 제조용 물질을 제공해 주었다.(현재는 반대로 미국의 원자력발전소들이 냉전시절에 생산된 핵무기 재료를

냉전시대 초기의 핵전쟁과 방사능에 대한 공포감이 이후
원자력에 대한 일반대중의 생각에 영향을 끼쳤다.

사진: Walter Albertin / Library of Congress, 1962 via Wikimedia Commons.

안전하게 소비하고 있다.) 어떤 역사적 관련성이 있는지 불문하고, 원자력 발전소는 폭탄처럼 터트려 날려버릴 수 있는 게 아니며, 핵무기에 대한 두려움을 바탕으로 원자력발전소를 평가하는 것은 적절하지 않다.

특히 핵무기 공격을 피해서 책상 밑으로 머리를 숨겼던 세대에게는 '핵'이라는 단어 자체가 공포의 대상이다. 우리가 원자력발전소가 가진 장점과 위험성에 대해 냉정하게 생각한다면, 우리의 뇌가 위와 같은 방식으로 반응하지는 않을 것이다. 하지만 불행하게도, 일반대중의 마음속에서는 원자력 발전과 핵무기를 혼동하는 현상이 널리 퍼져 있다.[12]

리스크 관리

민간항공에서 리스크 관리를 어떻게 하는지 생각해 보자. 항공 여행은 매우 편리하고 경제에 중요한 역할을 하지만 때때로 비행기가 추락해 탑승객이 모두 사망한다. 그런 일이 일어난다고 사람들이 비행기 타기를 그만두지는 않는다.[13] 그 대신 조사관을 파견해 무슨 일이 일어났는지 확인하고 그런 사고가 다시 일어나지 않도록 하기 위해 노력한다. 부품에 문제가 드러난 경우, 항공업계는 같은 기종의 해당 부품을 모두 검사하고 필요하면 교체한다. 조종사의 과실이 드러나면 항공사들은 새로운 훈련방법을 도입할 수도 있다. 결과적으로 최근 몇 십 년 동안 항공기 여행은 점점 더 안전해지고 있다.

어떤 회사가 새로운 항공기를 만들려고 할 때는 비행기를 설계하고 제작한 다음 안전인증을 받고 비행을 시작한다. 이와 달리 원자력발전소 설계의 경우에는 설계 단계에서부터 세부적인 부분까지 일일이 승인을 먼저 받아야 한다. 이 단계에서부터 막대한 비용이 들어간다. 그런 다음 공사에 들어가 완공되면 인증을 받는다. 모든 과정이 정부의 철저한 감독 아래 진행된다. 이때도 많은 비용이 추가된다. 도중에 설계 변경이나 안전규정 변경을 하면 추가비용이 들어가고 엄청난 양의 서류작업을 진행해야 한다.

비행기를 탈 때 우리는 일정 수준의 위험을 감수한다. 자동차를 운전하고, 길을 걷고, 음식을 먹을 때도 마찬가지이다. 이런 위험 부담을 줄이기 위해 정부에서 적절한 규제조치를 만들고, 개인보험에 가입하고, 각자가 현명하게 처신하려고 노력한다. 미국 정부가 질병을 약간 증가시킬지 모른다며 식품에 들어가는 사소한 재료 하나까지 일일이 규제하면서, 자국민 연간 40만 명이 흡연으로 사망하는 상황은 방치한다면 그건 균형이 맞지 않는다. 마찬가지로, 우리는 역사상 가장 안전한 에너지원을 더 안전하게 만들기 위해 원자력 산업을 강력히 규제하면서도 석탄, 메탄가스, 석유 사용을 계속 허용해 기후변화를 초래하고, 매년 많은 사람을 죽음으로 내몰고 있다.

원자력발전소도 사고가 좀 더 자주 일어났더라면 겁먹은 일반대중에게 좀 더 친숙하게 다가갈 수 있었을지 모른다. 마치 민간항공처럼 사고가 나서 사람들이 더러 죽기는 하지만 그래도 다른 대안보다는 훨씬 더 안전하다는 느낌을 줄 수 있었을 테니까. 리스크를 비교해 볼 상대가 생기는 것이다. 그러나 원자력발전소는 리스크가 거의 제로에 가깝기 때문에 비교해 볼 대상이 없다.

원전 기업들은 '지극히 안전한'extremely safe에서 '매우 지극히 안전한'very extremely safe으로 안전성을 획기적으로 높인 새로운 설계를 홍보한다.(정부는 안전성을 획기적으로 높이기 위해 새로운 규정을 만들 생각을 한다.) 이것은 패배의 길로 가는 것이다. 왜냐하면 무슨 일에서건 절대로 제로 리스크를 달성할 수는 없기 때문이다. 그렇게 하려고 하다간 비용이 기하급수적으로 늘어난다. 스리마일 아일랜드 원전 사고 이후 원자력발전소들이 실제로 이런 길을 가고 있다. 현실에서 제로 리스크를 추구하는 정책은 비용이 무한정 들어간다는 것을 의미한다.

또 다른 리스크의 예로 스웨덴이 도로 사망률 감소를 위해 취한 조치를 보자. 안전을 중시하는 자동차 메이커의 대명사인 볼보Volvo는 현대적인 3점식three-point 안전벨트를 처음 개발해 보급했고, 이제는 글로벌 표준이 되었다. 그리고 수십 년 동안 교통사고 사망을 줄이기 위해 엄청난 노력과 자금을 투입했다. 1980년대에는 매년 스웨덴 국민 약 1,000명이 교통사고로 사망했다. 1997년 스웨덴 정부는 도로에서의 사망자와 부상자를 완전 제로로 만들겠다는 약속과 함께 '비전 제로'Vision Zero 계획을 시작했다. 그리고 여러 안전조치를 도입해 지금은 사망자 수를 연간 약 260명으로 줄였다. 안전을 속도나 편의보다 우선시하고, 도시에서 속도제한 기준을 낮추었다. 그러다 보니 도로교통 규정이 강화되고, 벌금, 단속 카메라, 속도제한 턱 설치, 가드레일 정비 등에 많은 예산이 들어갔고, 시민들에게 큰 불편을 야기하는 변화들이 뒤따랐다. 이러한 조치들은 성공적이었지만, 도로사망자 260명은 여전히 제로보다는 많은 숫자이다. 스웨덴 교통부는 "우리는 도로에서 사망자나 부상자가 단 한 명도 생겨나지 않도록 할 것"이라고 말한다.[14]

희생자 제로를 달성하기 위해 대대적으로 기울이는 노력이 비용 대비 효과가 무의미해지는 지점은 어디일까? 사회에는 당국이 관심을 갖고 예산을 투입해서 해결해야 할 여러 사회적인 문제들이 많이 있기 때문에 이런 고려를 하지 않을 수 없다. 이미 검증된 바 있는 여러 다양한 예방조치들(예를 들어 흡연이나 비만 줄이기 등)을 유도하는 쪽으로 방향을 전환한다면 더 많은 생명을 구할 수 있지 않을까?

원자력발전소 안전 문제는 이런 교통안전 문제보다 훨씬 더 극단적인 예이다. 원자력발전소는 이미 전 세계에서 가장 엄격하게 통제되고, 규제 받고, 가장 안전한 대규모 에너지 생산시설임에도 불구하고 고비용 안전조치에 대한 요구를 끝임 없이 받고 있다. 이러한 요구는 원전에 대한 일반대중의 인식을 부정적으로 만들고, 원전의 경쟁력을 잠식한다. 원자력발전소에서는 완전 무사고 정책목표인 '비전 제로'Vision Zero가 이미 달성되었다. 이는 후쿠시마 사고 때 사망자가 제로인 것으로 확인된 바 있다. 그런데도 비용이 얼마나 들더라도 원전의 안전성을 더 강화하자는 게 여전히 최우선 과제이다. 이는 비유하자면 도로 교통에서 '원자력 자동차'는 최고속도를 시속 1m에서 0.1m로 더 낮추고, '석탄 자동차'는 속도 제한 없이 무제한 달리도록 허용하자는 것이나 마찬가지다.

1975년에 미국 원자력발전소 감독기관들은 원전사고에 대한 상세한 위험분석 보고서를 발행했다. 보고서는 원전 100곳이 가동 중인 경우 치명적인 사고가 발생할 확률은 1만 분의 1 미만, 사고로 1,000명이 사망할 확률은 1백만 분의 1 미만이라고 결론 내렸다. 이는 항공기 추락, 화재 및 댐 붕괴 사고와 비교하여 훨씬 낮은 위험 수준이었다.[15] 반핵 단체들은 이 분석결과에 강력히 반발했다. 1977년 참여과학자연대Union of Concerned Scientists는 실제로는 원전사고로 인해 2000년까지 1만 4,400명

석탄은 사람의 목숨을 앗아간다. 매연이 자욱한 중국 진안濟南 시내, 2015년.

사진: STR/AFP/Getty Images.

이 치명적인 암에 걸릴 것이라고 주장하며, 10만 명이 사망하는 사고가 일어날 확률이 100분의 1이라고 주장했다.[16]

1979년 스리마일 아일랜드 원전 사고는 일반국민에게 피해를 끼치지는 않았지만 이러한 우려를 증폭시켰고, 그로 인해 미국의 원전 건설은 거의 중단되고, 대신 석탄을 비롯한 화석연료를 이용해 전기를 공급하게 되었다. 그로부터 수십 년이 지난 지금까지 원전 사고로 사망한 사람은 한 명도 없지만, 반핵 단체들은 극히 미미한 위험요소들까지 모두 없앨 것을 요구하고 있다. 그로 인해 세계는 석탄으로 인한 사망자 발생과 기후변화라는 진짜 위험에 제대로 대처하지 못하고 있다.

세계는 이제 지난 몇 십 년 동안 성공적인 발전을 이룬 원자력 발전에 대해 '뭐든지 할 수 있다'는 자신감을 잃은 것처럼 보인다. 초기의 원자로들은 지금보다 훨씬 적은 자원과 지식을 가지고도 불과 몇 년 만에 성공적으로 건설되었다. 미국 해군은 원자로 수백 기를 해상에 설치하면서 거의 아무런 문제도 겪지 않았다. 거의 제로 상태에서 시작했는데도 빠르게 완공시켰다. 스웨덴과 프랑스는 지금의 기술로도 따라잡기 힘들 정도로 비용 면에서 효율적인 원전을 건설했다. 지금은 슬라이드 룰slide rules 대신 컴퓨터로 계산하고, 훨씬 더 우수한 전문 인력을 갖추고 있으며, 국내총생산GDP은 그때보다 몇 배나 더 증가했다. 거기다 우리 조부 세대는 꿈도 쉽게 꾸기 힘들었던 엔지니어링 공법과 자원을 보유하고 있다. 그럼에도 불구하고 전 세계 많은 곳에서 사람들이 공포에 질린 시선으로 원전을 바라보고 있다. 아무 근거도 없는 이 공포가 우리를 사실상 죽음으로 내몰고 있다.

핵물리학자 앨빈 와인버그Alvin Weinberg는 체르노빌 사고 뒤 이렇게 말했다. "궁극적인 질문은 안전성을 확률적으로만 알 수 있는 기술을 우리가 받아들일 수 있느냐는 것이다. 핵 문제에 관여하는 사람들은 원자력발전소는 심각한 사고가 일어날 확률이 어느 수준까지 완전히sufficiently 낮아져야 받아들일 수 있다는 가설을 주장해 왔다."[17] 일반대중이 위험을 평가할 수 있다고 믿는 가설은 비현실적일 가능성이 있다.

원자력발전소가 '너무 위험'하다고 생각하는 많은 사람들 가운데서 놀랍게도 '무엇과 비교해서?'라고 따져본 사람은 별로 없다. 비용 한푼 들지 않고 아무런 위험부담도 없이 커지는 세계의 에너지 수요를 충족시켜줄 대안으로 동화 속 '요정의 가루'fairy dust와 원전을 비교한다는 것은 너무 위험천만한 짓이다. 하지만 전 세계적으로 빠르게 성장하는 주류 에너지원인 석탄, 석유, 가스를 원전과 비교하면 어떨까?

원자력발전소 안전 문제를 생각할 때는 반드시 '무엇과 비교해서?'라고 물어보아야 한다. 그리고 그에 대한 대답도 가장 빠르게 성장하는 에너지원이고, 기후변화의 주범이며, 연간 1백만 명을 사망에 이르게 하는 연료인 석탄과 비교해서 내놓아야 한다.

공포감과 실제 위험

공포감과 실제 위험은 같은 것이 아니다.

올림픽 하이 다이빙 플랫폼 10미터 높이에서 뛰어내리는 것은 많은 사람들에게 두려움을 안겨준다. 하지만 수영을 할 줄 안다면 특별히 위험한 일은 아니다. 그곳에서 잘못 떨어져 다치거나 의식을 잃고 익사할 위험은 제로가 아니지만 가능성이 극히 낮다. 이런 가정을 해보자. 여러분이 깊고 잔잔하게 흐르는 물 위 높이 10미터의 긴 철교 위에 서 있는데, 기차가 여러분이 서 있는 다리를 향해 달려오고 있다.

다리에서 뛰어내리는 것은 여전히 무서울 것이다. 하지만 실제로 위험한 것은 기차이다. 만약 두려움 때문에 다리에서 뛰어내리지 않는다면 여러분은 죽음을 맞게 될 것이다. 그리고 기차에서 멀어지려고 도망치기 시작한다고 가정해보자. 방향을 제대로 잡았다고 하더라도 기차보다 먼저 다리에서 벗어나지 못하면 여러분은 결국 죽음을 피하지 못할 것이다.

지금 인류가 처한 상황이 바로 이렇다. 기후변화는 우리를 향해 철교 위를 달려오고 있는 기차이고, 우리에게 재앙을 안겨줄 가능성이 매우 높다. 사람들이 좋아하는 대안인 재생에너지를 확대하고, 석탄에서 메탄가스로 바꾸는 등 올바른 방향으로 나아가고 있지만 기차가 우리를 덮치기 전에 우리가 철교에서 벗어나기에는 역부족이다. 하지만 스웨덴을 비롯해 여러 국가에서 이미 입증된 것처럼 우리에게는 해결책이 있

사진: Drew Jacksich via Wikimedia Commons (CC Attribute-Share-Alike Generic 2.0).

철교에서 뛰어내리는 건 무섭다. 하지만 그대로 있으면 목숨이 위태롭다.

다. 그 해결책은 공포의 대상이 되어 있기는 하지만 실제로는 다리에서 뛰어내리는 것만큼 위험하지 않다. 그 해결책은 바로 원자력 전기 사용을 확대하는 것이다.

많은 사람들에게 원자력발전소는 공포의 대상이다. 하지만 원전은 50년 넘게 놀라운 안전 기록을 가지고 있다. 공포감과 위험의 차이, 물로 뛰어내리는 것과 기차에 치여 죽는 것이 가져올 차이를 제대로 이해하는 것이야말로 우리의 미래를 결정하는데 가장 핵심적인 과제일지 모른다.

제9장

핵폐기물 처리

원자력발전소를 두고 공포감과 현실이 가장 크게 엇갈리는 분야가 바로 방사성폐기물radioactive waste 문제이다. 방사성폐기물은 다른 연료를 사용하는 발전원이 만들어내는 폐기물보다 양이 훨씬 적어서 쉽게 처리할 수 있다. 미국인 한 명이 평생 사용하는 전기를 석탄으로만 생산할 때 나오는 고체 폐기물의 무게는 약 6만 1,689킬로그램에 달한다. 그러나 이 전기를 원자력 발전으로만 생산하는 경우 그로 인해 생기는 폐기물은 콜라 캔 하나에 들어갈 정도이고, 무게는 약 0.91킬로그램에 불과하다. 그리고 그 가운데 극히 일부만 장수명 폐기물長壽命, long-lived waste로 남는다.[1]

방사성폐기물에 함유된 방사성 물질은 대부분 시간이 지나며 빠르게 감소해 점점 더 안전해진다. 앞으로 설명하겠지만 지금의 임시 저장 기술은 안전하고, 비용이 비교적 적게 들고, 다음 세기까지도 효과적인 사용이 가능하다. 그러나 스웨덴을 포함한 일부 국가들은 장기 저장 시스템을 만들어 사람들의 두려움을 완화하려는 노력을 하고 있다. 스웨덴이 만든 시스템은 스웨덴 원자력 에너지 및 폐기물 관리회사SKB가 관리를 맡고, 원자력발전소들이 직접 소유하고 자금을 지원한다.[2] (스웨덴 원자력발전소들을 비롯해 SKB가 관리하는 모든 시설은 일반에 공개되어 매년 수천 명의 방문객이 관람한다.) 사용후핵연료는 원전에 있는 저장 수조에서 1년간 냉각처리하면서 방사능이 줄어들고, SKB는 자체 운반시설을 이용해 이

스웨덴 원전의 사용후핵연료 임시 저장시설.

사진: Courtesy of Curt-Robert Lindqvist / SKB.

방사성폐기물을 발전소 인근의 임시 저장시설로 옮긴다. 방사성폐기물은 안전하게 방사선을 흡수하는 물로 채워진 26피트(약 7.9미터) 깊이의 수조에 저장되며, 이 저장시설은 100피트(약 30.5미터) 지하 암석 밑에 위치해 있다. 이 시설에는 스웨덴이 40년 넘게 원자력 발전을 하면서 생긴 고준위폐기물 약 7,000톤이 저장되어 있다.

SKB는 사용후핵연료를 최종 처분하기 위해 임시저장시설 옆에 있는 용기 밀봉 시설로 보내 밀봉한다.[3] 이 방사성폐기물은 임시 저장 수조에서 냉각되고 방사능이 줄어들 때까지 저장한 다음 구리 용기에 넣어 특수 용접술로 밀봉한다. 이 25톤짜리 밀봉 용기들은 SKB의 운반시설을 이용해 약 40킬로미터 떨어진 최종 저장소까지 운반되고, 그곳에서 화강암 지층의 약 500미터 지하 터널에 넣어 점토로 덮어 안정적으로 보관한다. 20억 년 가까이 안정된 상태를 보인 이 암석은 앞으로 해수면 상승이나 빙하기 도래 같은 상황이 벌어지더라도 폐기물을 10만 년 동안 지하수로부터 안전하게 보관하게 된다. 방사성물질은 시간이 지나면서 붕괴하여 최종적으로는 방사선량이 자연 상태로 줄어들게 된다. SKB는 앞으로 50년에 걸쳐 이곳에 약 6,000개의 용기를 저장할 계획이다. SKB는 이 영구 처분 시설 건설을 2020년 초에 시작해 10년 안에 완공할 계획이다. 원진과 의료용, 산업용 시설에서 발생하는 수명이 짧은 중저준위 단수명 폐기물에 대해 스웨덴은 건설 계획 중인 고준위폐기물 저장시설 인근에 영구 저장시설을 수십 년 동안 운영해 왔다. 폐기물을 500년 동안 격리하기 위해 저장시설은 지하 약 50미터에 있는 암석 금고와 콘크리트 사일로에 넣어 보관한다.

스웨덴은 영구 처분장 건설을 아직 시작하지 않았지만, 이웃나라 핀란드는 스웨덴식 방법을 채택하여 세계 최초로 영구 핵폐기물 처분장을 만들기 시작했다.[4] 처분장은 핀란드의 원자력발전소 가운데 하나에 가깝게 위치해 있으며, 2022년부터 사용후핵연료를 저장하기 시작해 처분장이 가득 찰 때까지 100년 동안 운영한다는 계획이다. 처분장이 파괴돼 방사능 누출이 발생하는 경우에 예상되는 영향에 대한 안전성 연구가 실시됐다.

극히 비관적인 시나리오 가운데 폐기물을 구리 용기에 담아 묻기 전에 용기가 손상되는 경우와 핵폐기물 용기를 덮은 점토가 1,000년 안에 사라지는 경우가 있다.(둘 다 가능성은 매우 희박하다) 그리고 그 가운데서 제일 오염이 심하게 된 토양 1평방미터 안에서 어떤 사람이 평생을 살며 그곳에서 생산된 재료로 음식을 만들어 먹고, 그곳에서 나는 물을 마시고 산다는 시나리오가 있다. 이 경우 그 사람이 연간 받게 될 방사능 양이 바나나 한 다발을 먹을 때 노출되는 방사능과 동일하다.(연간 .00018 mSv)[5]

핀란드에서 연구한 이 최악의 시나리오가 시사하는 핵심 요지는 다음과 같다. 많은 이들이 방사성폐기물 영구 처분장에서 방사선이 조금만 누출되거나 환경오염이 조금만 되어도 재앙이 초래될 것처럼 걱정한다. 하지만 이미 알아본 것처럼 자연에는 이미 방사선이 가득 차 있고, 시간을 두고 방사성 물질에 조금씩 오염된다고 해서 큰 문제가 되지는 않는다. 굳이 제로 리스크를 고집할 필요가 없는 것이다. 더구나 여러 해가 지나면서 방사선 수치는 감소한다. 석탄(배터리와 태양광 패널에서 나오는 폐기물도 마찬가지)에서 나오는 유해물질과는 다르다. 석탄의 유해물질은 특성상 영구 지속되고, 시간이 지나면서 자연 속으로 점점 더 번져나간다. 진짜 위험한 짓은 우리가 앞으로 여러 해에 걸쳐 아주 조금씩 흘러나올지 모를 방사능 누출 가능성에 지레 겁먹고 원전 산업을 폐쇄시켜 버리는 것이다. 그런 가능성을 완전히 배제하려면 큰 비용이 들기 때문에 원전 폐쇄 결정을 내린 다음에는 계속 화석연료를 태운다.

방사성폐기물을 영구 격리시키겠다는 생각이 앞선 나머지, 다른 유해 폐기물을 어떻게 처리할지에 대해서는 제대로 관심을 가지려 하지 않는다. 많은 산업 분야에서 매우 치명적인 유독 폐기물을 대량으로 만들어내는데, 이런 폐기물은 처리도 되지 않고, '반감기'도 없이 계속 남아 있다. 이런 폐기물은 안전한 곳에 영구 처분해야만 한다. 그렇지만 이런 산업 폐기물을 처분하는 일은 이들보다 무해한 방사성폐기물 처리보다 규정이 훨씬 더 느슨하다. 스웨덴의 광업 기업 볼리덴Boliden은 다량의 수은과 비소를 비롯한 맹독성 폐기물 40만 톤을 '영구' 격리할 '세계 유일'의 영구 폐기장을 건설하고 있다.[6] 볼리덴 측은 전 세계 다른 어떤 곳에서도 이런 종류의 폐기물을 영구 처리할 계획을 세운 적이 없기 때문에 이곳이 '세계 유일'이라고 설명한다.[7] 폐기물 40만 톤을 처리할 '영구 폐기장' 건설에 드는 비용은 약 5,000만 달러로, 저장할 폐기물 1톤당 120달러로 추정된다. 이에 비해 스웨덴의 SKB가 제안한 사용후핵연료 1만 2천 톤을 처리할 임시 폐기장 건설비용은 최소한 170억 달러로 폐기물 1톤당 약 150만 달러가 든다.[8] 따라서 방사성폐기물 임시 폐기장 건설에 드는 비용은 이보다 훨씬 더 위험한 화학물질의 영구 폐기시설 건설비용보다 1톤당 수만 배 더 많이 들어간다.(그러나 이는 극히 드문 경우이다) 그럼에도 불구하고 여러 나라가 엄청나게 많은 예산을 들여 방사성폐기물 영구 보관시설 건설을 계획하고 있다. 프랑스도 핀란드와 비슷하면서 더 큰 규모의 지하 영구 보관시설 건설을 추진 중이며, 최종 설계가 마무리 단계에 있다.[9]

캐나다는 1960년대부터 나온 고준위 방사성폐기물을 한 곳에 모으면 4피트 미만의 높이로 하키 링크 7개에 모두 쌓을 수 있을 정도의 양이다.[10] 사용후핵연료봉은 7~10년 수조에 보관되어 있는 동안 방사선 양이 줄어들다. 그러면 저장용기에 넣어 건식 저장고로 이동한 다음 콘크리트로 덮어 방사능 누출을 차단한다. 캐나다는 영구 지하저장소를 건설할 위치를 찾고 있다.

미국에서도 방사성폐기물은 부피가 매우 작기 때문에 쉽게 관리된다. 미국이 50년 동안 원자력 발전을 하면서 나온 방사성폐기물은 한데 모으면 약 6미터 높이로 축구장 하나에 들어가는 양이다. 미국에서 소비되는 전체 전력의 5분의 1을 원자력 발전이 맡고 있다.[11]

물론, 그런 별난 축구장을 자기 집 뒷마당에 두고 싶어 하지 않을 사람들도 있을 것이다. 미국은 핵폐기물 처리 정책을 잘못 관리해왔는데, 네바다주에 있는 유카산맥Yucca Mountain에 부지를 선정해 많은 비용을 들여 단일 폐기장을 만들고, 전국의 핵폐기물을 그곳으로 보내도록 했다. 유카산맥은 앞으로 수만 년 동안 지하수 같은 주변 생태계로 방사능을 누출하지 않고 핵폐기물을 안전하게 보관할 것으로 기대되었다. 하지만 천연 소금층으로 둘러싸인 지하동굴 깊이 보관하더라도 그런 기대대로 되기는 거의 불가능하다. 제로 리스크 기준을 세워놓으면 그 기준을 맞추기는 사실상 불가능하다. 네바다주 출신 상원의원이 상원의 원내 다수당 대표가 되고 반대 분위기가 거세지자, 당시 오바마 행정부는

유카산맥 핵폐기물 영구 저장소의 지하 터널, 2014년.

사진: Nuclear Regulatory Commission (CC BY 2.0).

150억 달러 넘게 투자한 이 사업의 백지화를 선언했다. 2017년 행정부가 교체되면서 유카산맥 핵폐기물 저장소를 재가동하기 위한 노력이 다시 시작되었다.[12](2023년 6월 미국 연방정부는 핵폐기물 영구 저장소 건설 문제가 해결될 때까지 임시 저장소로 쓸 장소를 물색하는 전국 단위 연구조사 실시를 위해 2,600만 달러의 지출계획을 발표했다. – 편집자 주)

미군도 핵무기와 핵추진 항모 프로그램을 통해 처분해야 할 핵폐기물을 만들어낸다. 유카산맥 지하저장소와 같은 극적인 요소 없이, 미군은 뉴멕시코주의 깊은 동굴에 핵폐기물 지하저장소를 건설해 수십 년 동안 성공적으로 운영했다. 2014년에 심각한 사고가 한 번 발생해 뒤처리에 많은 비용이 들었지만 인체 건강이나 환경에는 아무런 해를 끼치지 않았다.[13]

수십만 년 동안 안전하게 핵폐기물을 격리시킬 한 가지 방법은 해수면에서 수 킬로미터 아래, 생명체가 거의 없고 비활성인 해저에 묻는 것이다.[14] 이 방법은 수십 년 전에 제안되었으나 환경운동가들의 항의로 채택되지는 않았다.(바닷물에는 이미 자연 우라늄이 들어 있다. 그리고 매립 핵폐기물의 사고 가능성은 가정에 기초한 반면, 세계가 원자력 대신 석유에 의존해 온 이래 계속된 해상 유류 유출사고는 현실적인 위험이다.)

핵폐기물을 영구적으로 처리하는데 드는 막대한 비용과 여러 우여곡절을 감안하면 사실 핵폐기물을 곧바로 영구 저장소에 보관해야 할 필요는 없다. 1백년 뒤면 오늘날 존재하는 대부분의 방사성 원소는 붕괴하여 사라지고, 붕괴되지 않고 아주 오래 남아 있는 방사성 원소의 양은 얼마 되지 않을 것이다. 우리가 핵폐기물에서 두려워하는 방사능이 사실은 문제 해결에 도움이 되는 것이다. 방사성 원소는 반감기를 가지며, 반감기를 거치며 방사능은 절반으로 줄어든다. 또 그만큼의 기간을 기다리면, 다시 반으로 줄어든다. 대부분의 핵폐기물은 원자로에서 꺼내 냉각수조에서 1~2년 머무는 동안 붕괴과정을 거치며 방사능 수치는 매우 낮아진다.

하지만 석탄 폐기물은 이렇게 되지 않는다. 석탄 폐기물은 대규모 오염물질과 대기오염을 유발한다. 폐기물이 버려지면 수질에 영향을 미치고 대기를 오염시키며, 수세기가 지나도 독성이 그대로 남아 있다. 그리고 석탄 폐기물에도 방사성 원소가 포함되어 있다. 석탄발전소 옆에 살면 원자력발전소 옆에 사는 것보다 더 많은 방사선에 피폭된다. 그리고 수명이 25년인 태양광 패널 역시 사용기한이 만료된 뒤에도 독성이 수십 년 더 지속되기 때문에 폐기물 처리와 재활용에 특별한 관리가 필요하다.

모든 핵폐기물의 반감기가 짧은 것은 아니다. 수명이 짧은 단수명 원소들이 붕괴된 후에 남는 잔류물은 매우 오랫동안 방사능을 유지하며, 수만 년 동안 방사능이 지속되기도 한다. 이 방사성 원소들이 일반대중의 상상력을 자극해 공포감을 불러일으킨다. 그러나 우리가 이 문제 해결을 지금부터 한 세기 동안 유보하고, 사용후핵연료를 안전하게 콘크리트 용기에 보관한 다음 미래 세대에게 이 문제를 영구적으로 해결하도록 맡긴다고 가정해 보자. 무책임하게 들릴지 모르지만, 온난화 때문에 통제불능으로 뜨거워진 지구를 다음 세대에게 물려주는 것보다 더 무책임한 일은 아닐 것이다. 사실 1백 년 후면 기술발달로 더 나은 해결 방법을 찾아낼 것이기 때문에 다음 세대에게 미루는 게 더 합리적일지 모른다.

실제로 고준위 핵폐기물을 연료로 쓰는 원자력발전소 설계가 이미 진행되고 있다. 핵폐기물이 이렇게 장시간 방사능을 유지하는 이유는 지금의 원자력발전소들이 연료의 상당 부분을 에너지가 다 사용되지 않은 불완전 연소 상태에서 제거해야 하기 때문이다. 제12장에서 다룬 제4세대 원자로는 지금의 원자로에서 생산된 폐기물을 완전연소시켜서 에너지 활용도를 극대화할 수 있다. 러시아를 비롯한 몇몇 나라에서 이미 사용후핵연료로 새 연료를 만들어 쓰는 증식로Breeder reactors를 가동 중이다.

현재 미국에서 이용하는 방식은 핵폐기물을 가동 중이거나 폐쇄된 원자력발전소 내에 그대로 보관하는 것이다. 이 폐기물은 대형 콘크리트 '건식 용기'에 보관된다. 사용후핵연료는 잠시 냉각 용기에 넣어 단기간 원소가 붕괴하도록 한 다음 건식 용기에 담아 콘크리트 패드에 고정시켜 두고 최종적인 정치적 해결을 기다린다. 미국원자력규제위원회NRC에 따르면, 지금까지 건식 용기를 사용한 30여 년 동안 방사선 누출 사례는 없었으며, 이 용기로 사용후핵연료를 적어도 120년 이상 안전하게 보관할 수 있다.[15]

최근 사용이 중단된 버몬트양키Vermont Yankee 원자력발전소를 직접 방

사진: Nuclear Regulatory Commission.

고준위 방사성핵폐기물을 보관하고 있는 건식 저장시설.

문해 보면 핵연료 폐기물의 처리와 관련한 사실을 분명하게 알 수 있다. 방문객은 평평한 콘크리트 패드 위에 앉혀놓은 콘크리트 용기들 옆에 가서 직접 눈으로 살펴볼 수 있다. 지름 12피트, 높이 19피트의 원통형 콘크리트이고, 콘크리트 패드는 냉각수를 공급하는 코네티컷강 수면보다 높은 곳에 자리하고 있다. 이 용기들이 총 몇 십 개 있는데, 사용후 핵연료가 계속 옮겨오면 58개로 그 수가 늘어날 예정이다. 용기들이 차지하는 공간은 놀랍도록 좁은데, 방사능은 대부분 콘크리트를 통과하지 않기 때문에 방사능 방호장비를 착용하지 않고도 가까이 가볼 수 있다. 이 시설은 무장 보안조치가 겹겹이 취해지고 있는데, 어떤 실질적인 위협 사례보다도 훨씬 더 엄격하다. 650MW급 원자력발전소가 42년 간 가동되며 만들어낸 고준위 방사성폐기물 전량이 이곳에 보관돼 있다는 점을 감안하면 핵폐기물은 매우 안정적이고 안전하게, 그리고 놀랍도록 좁은 공간에 보관되고 있다.

정치적인 측면에서, 그리고 일반대중의 입장에서 보면 핵폐기물의 보관은 문제가 된다. 그러나 과학적이고 기술적인 관점에서 보면 이곳은 문제가 되지 않는다. 사용후핵연료는 전 세계적으로 70여 년 동안 거의 아무런 사고 없이 보관되어 왔으며, 이는 다른 모든 산업에서 부러워할 성적이다.[16] 핵폐기물은 핀란드처럼 영구 저장소를 건설할 수도 있고, 미국이 하는 것처럼 콘크리트 용기에 넣어 원전 뒷마당에 보관할 수도 있다. 기후변화는 해결해야 할 긴급한 문제이지만, 이것은 그렇게 긴박하게 해결해야 하는 문제가 아니다.

제10장

핵무기
확산 방지

핵분열은 큰 원자를 분열시켜 적은 양의 질량을 많은 양의 에너지로 변환하는 것이다. 원자력발전소와 핵무기 제조에 쓰이는 기본적인 에너지원이 바로 이 핵분열이다. 하지만 원자력 발전과 핵무기 제조는 동일한 기초 화학반응을 이용하지만 특성은 서로 완전히 다르다. 휘발유로 자동차를 움직이는 것과 네이팜탄을 투하하는 것이 서로 다른 것이나 마찬가지다.

'핵'nuke이라는 말을 듣거나 '핵 반대'No Nukes라는 시위 표어를 보면 핵무기나 원자력발전소를 떠올리게 되는가? 그럴 수 있다. 그리고 그게 바로 문제이다. 핵폭탄은 극도로 무섭고 위험한 무기로, 지금까지 수십만 명을 죽였고, 지금도 수십억 명의 목숨을 위협하고 있다. '핵무기로 상대방이 핵무기를 사용하지 못하도록 억제한다'는 부정적인 의미의 '핵억지력' 효용밖에 없는 게 바로 핵무기이다. 반면에 원자력 발전은 극히 안전하며, 이미 석탄을 비롯해 치명적으로 위험한 화석연료를 대체해 수백만 명의 목숨을 구했다.

이 두 종류의 '핵'을 연결해 주는 연결점들이 있다. 신속한 전 세계 탈탄소화를 성공적으로 달성하기 위해서는 이 연결점들을 살펴봐야 한다.

그 연결점 가운데 하나는 역사적인 연결이다. 미국과 소련은 2차세계대전과 냉전시기를 거치는 동안 다량의 핵폭탄을 만들 목적으로 핵분열 연구를 완성했다. 원전 산업은 전기를 생산하지만, 그 과정에 부산물로 핵무기 제조에 쓰이는 핵분열 물질을 만들어낸다. 초기 원자로는 이러한 핵무기 제조용 물질 생산을 극대화하는 쪽으로 설계되었다. 오늘날 원자로 설계 목적과는 완전히 달랐던 것이다.

우라늄은 세계 전역의 자연에 존재하지만 자연 상태에서는 핵분열을 일으키는 동위원소의 양이 아주 적다.[1] 수천 개의 원심분리기를 서로 연결해서 빠르게 가동해야 핵폭탄 한 개를 만드는데 필요한 우라늄을 만들 수 있는데, 이를 우라늄 농축이라고 한다. 예를 들어 이란도 이 작업을 했는데, 핵무기 개발을 못하도록 국제합의로 이란의 우라늄 농축 프로그램을 동결시킨 것이다. 파키스탄도 원심분리기를 이용해 우라늄 폭탄을 만들었고, 북한도 마찬가지다.

핵폭탄 제조에 이용되는 두 번째 물질은 플루토늄의 특정 동위원소들이다. 플루토늄은 자연적으로 존재하지 않지만, 원자로에서 우라늄

사진: US government, Y-12.

리비아로 향하던 중 압수된 농축우라늄 제조용 부품들, 2003년.
리비아는 당시 민간 원전 프로그램을 보유하고 있지 않았다.

원자를 핵분열시킬 때 부산물로 얻을 수 있다. 미국을 비롯한 강대국들이 주로 이런 과정을 통해 핵무기를 만들었다. 2차세계대전 때 미국은 우라늄 폭탄과 플루토늄 폭탄을 한 개씩 만들어 히로시마와 나가사키에 각각 투하했다.

신생국과 비정부 단체들이 고농축우라늄HEU과 플루토늄이라는 이 두 가지 물질을 갖지 못하게 막는 것이 바로 핵무기 확산의 핵심 과제이다. 특정 종류의 원자로만 보유하고 있다면 플루토늄을 만들기는 어렵지 않다. 예를 들어, 일본은 현재 플루토늄을 상당량 비축해 두고 있다. 하지만 플루토늄 폭탄을 제작하기는 상당히 어렵게 되어 있다. 테러단체가 쉽게 제작할 수는 없고, 북한처럼 제법 규모가 있는 국가도 여러 해에 걸쳐 국가 차원의 노력과 많은 예산을 투입해 플루토늄 폭탄을 만들 수 있었다. 우라늄 폭탄은 제작과정이 이보다 훨씬 더 단순하지만, 고농축우라늄HEU을 구하기가 어렵다.

원자력이 전 세계적으로 유용한 전력원으로 처음 등장하면서, 국제사회는 핵물질의 평화적인 이용을 보장하기 위해 강력한 관리체제를 마련했다. 세계 각국은 특히 특정 국가가 원자로를 이용해 플루토늄이나 고농축우라늄을 핵무기로 전환하는 것을 막으려고 했고, 이를 위해 국제원자력기구IAEA가 설립되었다. IAEA는 유엔의 독립기구로 전 세계 원자력 프로그램을 감시하고, 핵 관련 물질이 안전하고 평화적으로 이용되도록 관리하는 임무를 갖고 있다.

IAEA는 그동안 매우 효과적으로 운영되어 왔다. 조사관들은 철저한 현장검사를 실시할 권한을 갖고 있고, 운영실태를 감독하기 위해 감시카메라를 설치하고, 용기에 봉인작업을 해서 함부로 열지 못하도록 하고, 과학자들과 면담해 관리가 제대로 이루어지고 있는지 확인할 수 있다. 중요한 일부 시설에서는 IAEA가 자체 직원을 상주시키고, 핵시설 내부에 자체 연구실을 운영하며 항상 완벽한 안전조치가 취해지도록 감시하고 있다.

지금은 세계 어디서도 핵 비밀을 계속 유지하기 어렵다. 이라크의 사담 후세인이 핵무기를 개발한다는 의심을 받을 당시, IAEA 조사관들이 현장을 샅샅이 뒤졌지만 아무 것도 찾지 못했고, 후세인이 관련 비밀 핵 프로그램을 여러 해 전에 폐기했다는 사실만 확인했다.

이란이 우라늄 농축 프로그램을 진행할 때는 세계가 그런 사실을 알아냈다. 북한이 플루토늄 생산시설을 폐쇄하기로 합의하고도 우라늄 농축 프로그램을 비밀리에 계속 운영했을 때도 세계는 그 사실을 알아냈

IAEA 조사관들이 체코공화국에서 모니터링 장비를 설치하고 있다, 2015년.

사진: International Atomic Energy Agency.

다.(그러자 북한은 이 프로그램을 계속하기 위해 IAEA에서 탈퇴했다) 위험인물인 파키스탄 과학자가 우라늄 농축 기술을 몇 나라에 팔아넘겼을 때도 세계는 그 사실을 알아냈다. 시리아가 핵무기 제조용으로 비밀리에 원자로를 만들자 이스라엘이 관련 시설을 폭격했다.

수십 년 전에는 지금쯤이면 수십 개 나라가 핵무기를 보유하게 될 것이라는 두려움이 널리 퍼져 있었지만 그런 일은 일어나지 않았다. 현재 핵무기를 보유한 나라는 문제가 되는 북한을 포함해 9개국이다. 하지만 핵무기 확산은 그 이상 이루어지지 않고 있다.

더 많은 나라가 핵무기를 보유하지 않게 된 주된 이유는 각자 그런 선택을 했기 때문이다. 핵무기를 개발할 능력을 갖춘 나라가 수십 개국에 이르지만, 그들은 핵무기를 개발했을 때 치러야 하는 비용이 혜택보다 훨씬 더 크다는 결론을 내렸다. 스웨덴은 한때 핵무기 개발을 고려했지만 이를 실행에 옮기지 않기로 했다. 아르헨티나와 브라질은 무기 경쟁을 시작했지만 어느 쪽도 핵무기를 먼저 만들겠다는 생각은 하지 않았다. 남아프리카공화국은 실제로 핵무기를 만들었지만 인종차별정책을 끝낸 다음 만들어놓은 핵무기를 해체하고 핵무기 제조 프로그램도 폐기했다.

이런 나라들을 비롯해 거의 대부분의 국가들이 핵무기 포기를 의무화하는 핵확산금지조약NPT에 가입하고 있다. NPT 조약과 IAEA 체제는 원자력 기술을 핵무기 확산과 분리시키는데 성공했다. NPT 조약 비가입국은(분리독립 이후 내전 상태이고 핵무기 개발에 관심도 없는 남수단은 제외) 인도, 파키스탄과 이스라엘이다. 이 세 나라는 기존 핵무기 보유국인 5개국 주도로 조약이 출범한 뒤 핵무기를 개발했다. 또한 북한은 NPT에 가입하였다가 탈퇴해서 핵무기를 만든 유일한 나라이다.

지난 30년 동안, 초강대국 간의 무기경쟁은 약화되는 쪽으로 방향이 바뀌었고, 양측 모두에서 핵탄두 수십만 개를 줄여 전체 감축비율이 약 80%에 이르렀다. 핵무기 생산을 위해 만든 연구시설과 공장들은 핵무기 해체 시설로 전환되었다. 이에 따라 민간 원자력 산업은 군사적 용도와의 연관성이 점점 더 줄어들고, 플루토늄 생산은 더 이상 필요 없게 되었다. 실제로 해체된 소련 핵탄두에서 나온 많은 양의 농축우라늄을 희석해서 미국 민간 원자로의 연료로 썼다. 1998년부터 2013년까지 미국 전기 사용량의 약 10%를 소련 핵탄두 2만 개를 해체해서 충당했다.[2] 그밖에도 핵무기에서 얻은 우라늄과 플루토늄을 미국과 러시아의 민간 원자로, 그리고 해군의 핵추진 원자력 프로그램에서 사용했다.[3]

이제 원자력은 새로운 국가들로 핵무기가 확산되도록 영향을 미치는 요소가 되지 않고 있다.[4] 핵확산금지조약NPT에 가입을 거부하고, 국제원자력기구IAEA 조사관들을 추방하고, 비밀리에 자체 핵무기를 만든 나라들은 민간 원자력 프로그램을 이용해서 그런 짓을 하는 게 아니다. 이스라엘과 북한은 민간 원자력발전소 프로그램을 갖고 있지 않다. 2000년에 핵확산 문제 전문가 5명은 이렇게 말했다. "지금까지 상업용 원자력발전소가 특정 국가가 핵무기 개발경쟁에 참여하는데 다리 역할을 하지 않았으며, 했다고 하더라도 그 역할은 거의 무의미할 정도이다. 개인이나 준국가 단체가 원자력발전소 시설에서 핵물질을 훔쳐 무기개발에 사용한 경우도 알려진 바가 없다."[5]

사실, 민간 원자력 프로그램을 만든 많은 나라들이 이를 핵무기 확산 억제에 활용하고 있다. 핵무기 제조기술을 가진 나라들이 새로운 나라들을 상대로 전력 생산용 원자로 건설과 운영을 도와주고, 그 새로운 나라들이 NPT에 가입하고 IAEA의 엄격한 규정을 받아들이게 되는 식이다.[6] 예를 들어, 한국이 1970년대에 그런 역할을 했다. 한국은 당시 핵무기 개발을 포기하기로 하고, 국제 감시 아래 민간 원자력 산업을 발전

카자흐스탄에 있는 IAEA의 저농축우라늄(LEU) 연료은행, 2017년.

사진: Courtesy of Nuclear Threat Initiative.

시키는 쪽으로 정책방향을 바꾸었다. 오늘날, 한국은 저렴하고 안전한 원자력 발전의 모범 사례가 되었고, 최근에는 아랍에미리트UAE에 원자력발전소를 수출하고, 위협적인 이웃 북한의 계속되는 도발에도 불구하고 핵무기 보유 결정을 내리지 않고 있다.[7]

전 세계적으로 원자로 수가 늘고, 더 많은 나라가 이를 갖게 되면 국제 공동체가 나서서 원자로에 쓰이는 핵연료가 핵무기 제조용으로 쓰이지 않도록 하기 위한 노력을 확대할 것이고, 또한 그렇게 해야만 한다.[8] 이를 위한 핵심 방법 가운데 하나가 바로 각국이 독자적으로 우라늄 농축과 연료재처리 시설을 짓지 못하도록 하는 것이다. 우라늄은 핵분열시 농도가 1퍼센트 미만인데, 원자로에 사용하는 우라늄은 이를 농축해서 4~5퍼센트(저농축우라늄, LEU)로 만들어야 한다. 저농축우라늄은 핵무기 제조용으로 쓸 수 없다.(2015년 이란과의 다자간협정은 이란의 우라늄 농축 한도를 3.7%로 제한했다.)[9] 그러나 농축기술을 습득한 나라들은 핵무기 개발을 위해 90% 이상으로 우라늄을 농축하는 욕심을 낼 수도 있다. 수명이 긴 장수명 원자로에 대규모로 투자한 나라들은 오늘날 주류를 이루는 경수로의 연료인 LEU 공급을 보장받기를 원한다. 따라서 국제원자력기구IAEA는 원자로를 보유하고서 핵무기를 보유하지 않은 나라들에게 LEU를 공급해 준다.

IAEA는 최근 실물 저농축우라늄LEU 연료은행을 만들었다. 이 은행은 원자로를 보유한 나라들이 정상적인 연료 공급이 중단되는 등의 비정상적인 상황에서 연료 공급을 받을 수 있도록 보장해 준다. 다만 해당 국가가 포괄적인 IAEA 안전기준을 이행하는 경우에만 그렇게 한다. 카자흐스탄에 위치한 이 은행은 2018년부터 LEU를 비축하고, 몇 년 동안 대도시 한 곳에 전기를 공급할 수 있을 정도로 충분한 핵연료를 보유하기로 했다. 실제로는 이 은행의 필요성이 없을 수도 있겠지만, 원자로를 보유한 나라들이 핵무기 제조용으로 악용될 수 있는 자체 우라늄농축 인프라를 갖출 필요가 없다는 사실을 보여주려는 목적을 갖고 있다.[10] (러시아도 자체적으로 실물 LEU 은행을 운영하고 있고, 영국은 LEU 공급 보장 시스템을 운영하고 있다.) 카자흐스탄은 냉전이 끝나면서 약 1,500기의 핵무기를 물려받았지만, 몇 년 안에 그 핵무기를 모두 폐기한 모범적인 국가가 되었다. 카자흐스탄은 또한 세계 최대의 우라늄 채굴국이다.

전 세계적으로 원자력 이용 비중이 점점 커지는 가운데 핵비확산을 보장하기 위한 방안들이 다양하게 제시되었다. 국제사회가 핵연료재처리 과정을 국제적으로 통제하기 위한 방안도 몇 가지 제시되었다. 예를 들어, 핵연료 및 비확산 분야 전문가인 다니엘 포너만Daniel Poneman은 우라늄 농축 및 재처리 능력을 보유하지 않기로 약속하는 국가들에게 좋은 가격으로 원자로 연료 공급을 보장해 주는 '핵연료 보장 서비스 이니셔티브'Assured Nuclear Fuel Services Initiative를 제안했다. 이 방법이 엄격한 안전규제를 요구하는 미국의 일방적인 노력보다는 더 효과적일 것이라고 그는 주장한다. 지금처럼 엄격한 안전규제를 요구할 경우 수입국들은 규제 요구를 덜 까다롭게 하는 공급업체로부터 연료를 구하려고 할 것이기 때문이다.[11]

원자력과 핵무기를 놓고 혼란이 벌어지는 원인 중 하나는 핵추진 군함에서 원자력을 사용하는 것 때문이기도 하다. 핵추진 군함은 핵미사일 같은 핵무기를 운반할 수 있는데, 사실은 비핵추진 군함도 핵무기를 운반할 수 있다. 군함의 추진방식과 어떤 무기를 운반하는지는 아무런 상관이 없다.

미국 해군의 핵추진 도입은 냉전 초기 하이먼 리코버Hyman Rickover제독이 이룬 현명한 업적이다. 그는 잠수함과 항공모함용 원자로 건설을 신속하게 성공시켰고, 이렇게 집약된 전력원을 이용해 군함이 해상과 수중에서 장시간 작전을 수행할 수 있도록 했다. 전 세계적으로 핵추진 군함은 원자로 700기로 원자로운전년reactor-years of operation 1만 2,000년을 넘겼으며, 그 가운데 200기는 지금도 가동 중이다. 마지막으로 큰 원자로 사고가 일어난 것은 30년도 더 지났다.(민간 원자로와 마찬가지로, 1961년부터 1985년 사이 해군에서 치명적인 원자로 사고가 일어난 것은 소련에서 한 번 발생한 사고가 유일하다. 미국 해군은 6,200년의 원자로운전년 동안 방사능이 누출되는 사고를 한 번도 기록하지 않았다.)[12]

핵확산을 방지하는데 있어서 마지막으로 고려할 사항은 (러시아가 우크라이나를 대규모 무력침공하기 전을 기준으로 - 편집자 주) 현재 국가들이 서로 대규모 전쟁을 하고 있지 않다는 사실이다. 물론 전 세계적으로 많은 나라가 심각한 군비경쟁을 펼치고 있고, 언제 어디서건 전쟁이 터질 수 있는 상황이기는 하다. 예를 들어 2018년 미국과 북한은 양측이 전쟁도 불사하는 듯한 극한 대치를 벌였다. 하지만 본격적인 전쟁이 매우 드물

출처: UCDP/PRIO Armed Conflict Dataset, version 17.2. See Marie Allansson, Erik Melander, and Lotta Themnér, "Organized Violence, 1989~2016," Journal of Peace Research 54, no. 4 (2017); and Nils Petter Gleditsch et al., "Armed Conflict, 1946~2001: A New Dataset," Journal of Peace Research 39, no. 5 (2002).

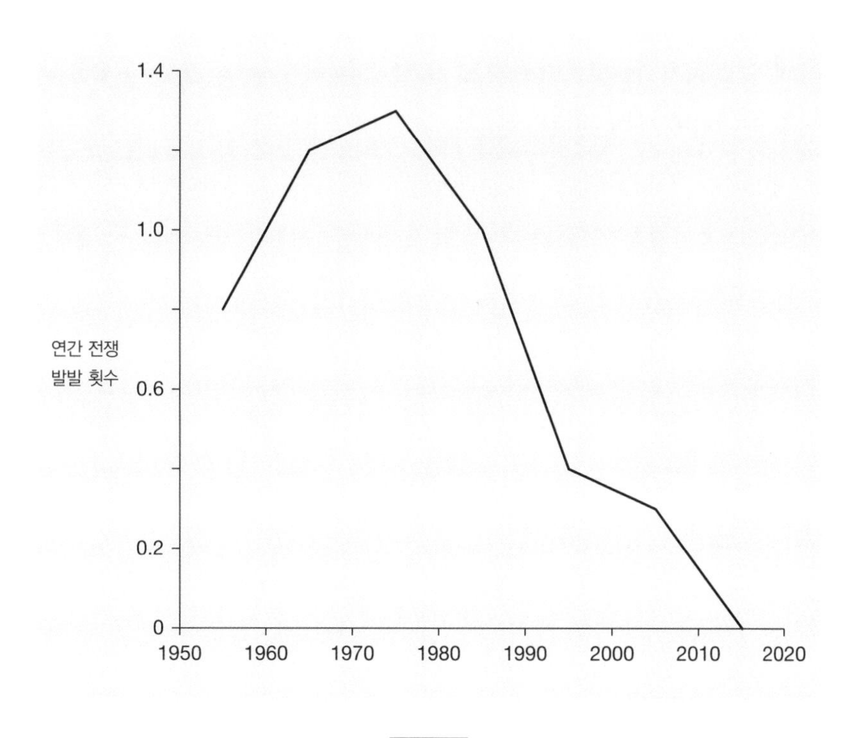

10년 단위로 분석한 국가 간 전쟁 추이.

어진 것은 사실이다. 탱크전과 대규모 해군력이 맞서 전투를 벌이는 전면전도 거의 자취를 감추고 있다. 현재 진행 중인 전쟁은 대부분 국가 내부에서 벌어지는 내전이다.

역사적으로 정규군 간의 전쟁은 계속 있어왔다. 냉전기간 중에 일어난 가장 파괴적이고 치명적인 전쟁은 국가 간 전쟁이었다. 예를 들어 한국전쟁, 인도–파키스탄 전쟁, 이란–이라크 전쟁 등이 그랬다. 그러나 오래 전인 2003년 미군과 영국군이 합동으로 이라크를 침공해 들어간 이후 이러한 종류의 전쟁은 뜸했다.[13] 전차전과 대규모 해군력이 충돌하는 전면전도 사라져 가고 있다.(2022년 초 블라디미르 푸틴 대통령이 이끄는 러시아군대가 우크라이나를 대규모로 침공해 들어가 영토 일부를 점령했지만 이 책에서는 다루지 않는다. – 편집자 주)

최근에는 적대국 간 충돌이 일어나더라도 긴장이 급속히 진정되고 전면전으로 확대되지 않는 경향을 보인다. 최근 몇 년 동안 아르메니아–아제르바이잔, 우크라이나–러시아, 캄보디아–태국, 이스라엘–레바논 등에서 소규모 무력충돌이 이어졌지만, 비교적 냉정한 판단을 통한 긴장완화가 이루어졌다. 2017년에는 중국과 인도군이 험준한 부탄 국경 산악지역에서 서로 욕설을 퍼붓고 막대기를 집어던지는 식의 충돌을 벌였다. 그러나 중국과 인도 사이에 실제로 전쟁이 일어나면 두 나라 모두에게 재앙이 될 것이라는 점을 양측 모두 알고 있다.

물론 이처럼 국가 간 전면전이 일어나지 않는 상태는 언제 깨질지 모른다. 하지만 이런 상태가 많은 나라들에게 굳이 핵무기를 보유할 필요성을 크게 느끼지 않게 만드는데 기여하고 있다. 이는 2차세계대전 당시 적국이 핵무기를 먼저 보유할지 모르는 상황에서 미국이 핵무기 개발 결정을 내린 것과 대조적이다. 지금 우리가 살고 있는 세계는 다행히 그런 상황이 아니다.

제12장에서 다루는 것처럼, 앞으로 몇 년 안에 새로운 모형의 원자력 발전소가 만들어지면 핵물질을 무기 개발에 전용하기가 더 어렵게 될 것이다. 아울러 원자력 기술이 개발된 이래 지난 수십 년 간 보여준 성적표를 보고 어느 정도 안심해도 될 것이다. 원자력의 안전 문제와 핵확산 문제 모두에 대한 우려는 늘 있어 왔지만, 실제로는 안전장치와 핵확산 견제장치 모두 제대로 작동되어 왔다. 지속적인 노력을 통해 이런 위험도를 크게 낮출 수 있다.

A BRIGHT FUTURE

PART 04

어떻게 할 것인가

The Way Forward

인류는 스웨덴, 프랑스 같은
나라들의 예를 따라 원자력과 재생에너지를 함께
발전시키고, 새로운 원자로 모델을 설계하고,
탄소오염에 비용을 부과하는 등의
방법을 통해 기후변화를 해결하고
번영을 누릴 수 있다.

제11장

원자력발전소 확대

만약 미국이 계획했던 원자력발전소를 예정대로 모두 건설했더라면, 우리는 지금 기후변화 해결에 훨씬 더 가까이 다가갈 수 있었을 것이다. 그러나 그린피스를 비롯한 반핵 단체들의 강력한 반대로, 원자력발전소 건설 계획 상당수가 시작도 못한 채 폐기됐고, 공사가 시작되었다가 중단된 경우도 여럿이었다. 2000년대 초 원자력발전소 건설 붐이 다시 시작되는 듯했으나 이마저도 2011년 후쿠시마 원전사고 이후 중단되고 말았다.[1]

최근 들어 이들 반핵 단체들은 반핵운동을 강화하고 있고, 현재 가동 중인 원자력발전소들을 수명이 다하기 전에 폐쇄시키기 위해 벌이는 로비와 소송에서 성공을 거두고 있다. 독일이 후쿠시마 사고 이후 공황상태에서 이런 조치를 취했고, 그러한 결정으로 인해 독일은 온실가스 배출 감소에 진전을 이루지 못하고 있다는 사실도 이미 드러났다.(제3장 참조) 다른 곳에서도 같은 상황이 이어지고 있다.

반핵 단체들로부터 지속적으로 소송, 규제, 선동에 시달리다 못한 원자력발전소들이 나라 사정에 따라 메탄이나 석탄처럼 값싸게 구할 수 있는 화석연료로 옮겨갔다고 이를 비난하기는 곤란하다. 어찌됐건, 원자력 발전이 조금씩 화석연료로 대체되었고, 그 결과 이산화탄소 배출량은 증가됐다. 1970년대에는 기후변화에 대한 사람들의 이해도가 낮았고, 원전의 안전도에 대한 이해는 그보다 훨씬 더 낮았기 때문에 반핵 운동에 대한 호응도가 높았다. 하지만 지금은 원전과 관련된 사정이 완전히 달라졌는데도 불구하고 반핵 단체들은 기존의 입장을 바꾸지 않고 있다.

세상에서 제일 저렴하고 청정한 에너지원 중 하나가 바로 현재 전기를 생산해내고 있는 원자력발전소이다. 원자력발전소는 건설비용은 높지만 운영비용이 낮기 때문에 일단 제대로 가동되기 시작하면 계속 사용하는 게 좋다. 전 세계적으로 449기의 발전용 원자로가 가동 중이며, 그 가운데 99기가 미국에 있고, 이들이 미국 내 전기 생산량의 20%를 공급하고 있다.[2] 미국 내 수력, 풍력, 태양광 발전을 합한 것보다 더 많은 전력을 원자력 발전으로 생산한다. 전 세계적으로 탄소를 배출하지 않는 에너지원 가운데서는 원자력 발전이 수력 발전에 이어 두 번째로 중요한 위치를 차지하고 있다.[3] 오늘날 기후변화에 대처하는 가장 손쉬운 방법은 지금 있는 원자력발전소를 폐쇄하지 않는 것이다. 지금처럼 역사적으로 중요한 시기에 대표적인 저탄소 전력원의 문을 걸어 잠그는 것은 한마디로 기후문제 해결의 문을 걸어 잠그는 것과 마찬가지다.

기존의 원자력발전소를 폐쇄하라는 압력은 발전소 인근 주민들의 불안감에서 비롯되는 게 아니다. 조사결과를 보면, 발전소 인근에 거주하는 사람들은 대부분 발전소 가동에 찬성하는 입장인 것으로 나타났다. 미국의 경우는 원전 반경 10마일 안에 사는 주민의 83%, 스웨덴에서는 반경 30~50마일 안에 거주하는 주민 가운데 82%가 원자력발전소가 가동되는 것을 찬성했다.[4] (또한, 원자력에 대해 잘 안다고 답한 미국인들 중 4분의 3 이상이 원전 가동에 찬성하고, 잘 모른다고 답한 사람들은 절반 정도가 찬성의사를 나타냈다.)[5]

원전 가까운 곳에 사는 사람들은 원전에 대한 이해력이 아주 높고, 원전이 제공하는 일자리 혜택을 가장 많이 누리는 외에, 원전에 대한 공포감을 거의 갖고 있지 않았다. 반면에 원전에서 멀리 떨어진 곳에 사는 사람들은 원전과 관련된 과학과 공법, 안전장치에 대한 이해도가 낮았고, 그 공백을 공포감이 메우고 있었다.[6] 이처럼 제대로 된 지식이 없는 일반대중의 불안감을 반핵 단체들이 기존의 원전을 폐쇄하려고 벌이는 운동의 땔감으로 이용하는 것이었다.

버몬트양키 원자력발전소

버몬트와 서부 매사추세츠는 최근까지 탄소 배출 없는 전기의 대부분을 매사추세츠주와의 접경지역에 있는 버몬트양키Vermont Yankee 원자력발전소에서 공급해 왔다. 이곳은 1970년대 강 하류 매사추세츠 지역에 원자로 2기를 새로 건설하려는 계획을 무산시키기 위한 운동이 시작된 이래 줄곧 반핵 단체의 활동 중심지였다.(발전소 건설 사업체가 어리석게도 발전소를 히피족 3개 단체가 사는 지역 주변에 건설하기로 해 이들을 자극하며 반

버몬트양키 원자력발전소

사진: Nuclear Regulatory Commission.

대운동이 주변 마을로 거세게 확산되어 결국 발전소 건설계획이 취소되었다.)[7] 2010년에는 버몬트주 의회에서 버몬트양키발전소의 가동을 중단시키는 법안을 통과시켰고, 같은 해 발전소 가동에 반대하는 주지사가 새로 선출되었다. 2011년에 발전소의 허가가 20년 더 연장되었지만, 2013년 발전소 소유주 측은 버몬트양키발전소가 이듬해 폐쇄될 것이라고 발표했다.

버몬트양키발전소는 kWh당 4센트 정도의 도매 전기를 공급하고 있었는데, 버몬트주와 4.5센트에 새로 전력구매계약PPA을 체결하려고 했지만 성공하지 못했다.[8] 프래킹 공법 때문에 저렴해진 메탄가스 전기만큼 싸지 않지만, 풍력과 태양광 같은 청정한 대안 에너지보다는 훨씬 저렴한 가격이었다. 매사추세츠주는 당시 kWh당 19센트에 해상 풍력 발전 전력 구매계약을 진행하고 있었다.[9]

버몬트양키 측은 보조금이 지원되는 에너지원들과 경쟁해야 했다. 화석연료로 배출하는 이산화탄소를 별도 비용 부담 없이 대기 중으로 내보낼 수 있도록 했는데, 거기다 보조금이 추가로 지불되었다. 미국 정부의 에너지 보조금은 2003년까지 약 6500억 달러로 올랐는데, 그 가운데 47%가 석유, 13%는 석탄과 천연가스, 11%가 수력 발전, 10%가 원자력, 6%가 재생에너지에 배분되었다.[10]

최근 몇 년 동안 재생에너지는 연방정부와 주정부 모두로부터 보조금을 대폭 지원받았다. 많은 주에서 지원 대상에 (탄소 배출 없는 전력이라고 하는 대신) '재생에너지'를 일정 부분 포함시키도록 못 박았는데, 여기에 원자력 발전은 포함되지 않다. 예를 들어, 버몬트주에서는 2013

년 150억 달러의 연방 재생에너지 보조금 외에 주정부 차원에서 지급하는 보조금으로 소비자 크레딧customer credits, 보조금grants, 대출, 차액지원금feed-in tariffs, 투자세금공제investment-tax credits, 재산세감면property-tax abatements, 판매세 면제를 부여하고, 이밖에도 피크시간대의 초과 발전분을 구매해 주기로 했다.[11]

화석연료와 재생에너지에 대한 보조금으로 인해 버몬트양키 같은 발전소는 어려움을 겪었다. 메탄은 저렴하고 재생에너지는 인기가 높은 반면, 원자력발전소는 모든 움직임이 규제기관에 의해 엄격히 감시당하고, 툭하면 반핵활동가들의 항의가 이어진다. 원자력발전소를 소유하는 기업이 화석연료발전소도 함께 갖고 있는 경우가 있는데 이 또한 원전 입장에서는 도움이 되지 않는다.(버몬트양키발전소의 소유주도 소유분의 3분의 1은 원자력발전소이고, 3분의 2는 화석연료발전소이다.) 소유주 입장에서는 원자력발전소를 메탄발전소로 대체하면 경쟁력이 높아지고, 전력 판매량도 늘릴 수 있다. 버몬트 주정부는 원자력 발전으로 생산된 전기에 대해 안정적인 시장과 가격을 보장해 주는 전력 구매계약을 체결하려고 하지 않았다. 버몬트양키발전소는 42년간의 가동을 끝내고 2014년 말에 폐쇄되었다. 면허 유효기간이 남아 있는 상태에서 가동을 중단한 것이다.

서부 매사추세츠에서는 버몬트양키가 폐쇄되면서 전기요금이 급등했다. 메탄가스가 전력 생산의 공백을 메우게 되면서 가스회사는 지역 내 공급을 위해 메탄 파이프라인을 새로 건설해 달라고 요구했다. 기후 활동가들은 앞으로 수십 년에 걸쳐 화석연료 인프라에 이렇게 투자하게 되면 지역경제를 화석연료 경제에 더 꽁꽁 연동시키게 될 것이라고 주장했다. 일리가 있는 주장이었다. 이들은 가스 파이프라인 건설에 일제히 반대하고 나섰고, 일부 지역에서 건설을 지연시키거나 건설계획을 취소시키는데 성공을 거두기도 했다. 가스 업체는 코네티컷강을 따라 자리하고 있는 지역사회들에게 새로운 가스공급을 중단하기로 했다. 지역경제가 타격을 받고, 새로 짓는 건축물은 메탄가스 대신 더 비싼 화석연료인 프로판가스를 써야 했다. 2년이 지나도록 상황은 미해결 상태인 채로 남아 있다.

버몬트양키발전소의 손실을 보상하기 위해(폐쇄한 매사추세츠 석탄화력발전소의 손실 보상을 포함해) 캐나다 수력발전소 전기를 끌어올 송전선을 설치하는 계획도 있었다.(그리고 매사추세츠의 석탄발전소들 또한 폐쇄될 예정이었다) 하지만 매사추세츠에 추가로 재생가능한 전력을 공급하기 위해 1,100 MW 규모의 캐나다 수력발전소 전기를 들여오는 초대형 송전선 설치 계획은 2018년에 부결되었다. 7년 동안 2억 5천만 달러 규모의 신청절차가 진행된 시점에서, 뉴햄프셔주의 규제기관은 자기 주를 통과하는 이 송전선이 흉물스럽게 주민들의 시야를 가릴 것으로 판단했다.[12] 2017년 12월~2018년 1월 사이에 지속된 한파 기간 동안 뉴잉글랜드의 기온은 여러 주 연속 영하를 기록했고, 버몬트양키발선소의 가동 중지로 인해 전력망에 문제가 발생했다. 메탄가스가 가정 난방용으로 전용되면서 전력망은 전기 생산용 주연료를 석유로 전환했다.

이런 긴급사태에 대비해 발전소에 비축해놓은 연료용 석유는 몇 주가 지나며 놀라운 속도로 줄어들었다. 유조트럭의 수송 능력을 최대한도로 늘리고, 해상에서는 쇄빙선이 유조선 운송루트를 열었다. 탄소 배출량이 올라갔다. LNG 판매점을 통해 파이프라인 가스 공급을 늘였지만 공급량은 극히 제한적이었다. 잠시 동안 매사추세츠주의 천연가스 가격은 한 달 전에 비해 무려 20배까지 뛰었고, 전기요금도 다섯 배나 올랐다.[13] 태양광 발전은 계절별로(겨울에) 감소하고 눈이 오거나 하면 수시로 발전양이 제로로 떨어졌다. 버몬트양키발전소를 폐쇄한 것이 이런 상황을 일으킨 주요 원인은 아니지만, 이처럼 상황이 악화되도록 만드는데 기여한 것은 사실이었다.

매사추세츠주는 면허기간이 아직 13년 남은 마지막 원자력발전소인 필그림Pilgrim을 2019년에 폐쇄하기로 했다. 이 원자력발전소 한 곳을 폐쇄하면 매사추세츠가 그 주에 있는 태양광, 풍력 및 수력 발전을 통해 생산하는 전력을 모두 합친 것보다 더 많은 전력을 잃게 될 것이다.[14]

버몬트양키 원전이 폐쇄된 이후, 뉴잉글랜드 전역의 이산화탄소 배출양이 증가해 10년간의 하락세를 뒤집었다.[15] 뉴잉글랜드 전체의 배출량은 1년 안에 거의 3% 증가하였고, 그로 인해 대기 중에 연간 1백만 톤이 넘는 이산화탄소가 추가되었다. 문제는 증가량 자체보다 감소를 시키지 못했다는 점이다. 정치성향이 진보적이고, 부유하며, 기술적으로 발전된 지역인 뉴잉글랜드 같은 곳에서조차 빠르게 탄소 배출량을 줄이지 못한다면 세계 전체가 탄소 배출량을 줄일 수 있다는 희망을 가져볼 수나 있는 것일까?

뉴잉글랜드는 아직 전력의 30%를 원자력 발전으로 생산하고 있다. 하지만, 매사추세츠주에 남은 마지막 원자력발전소가 2019년에 폐쇄됨에 따라 이제 원전은 코네티컷과 뉴햄프셔에 각각 한 곳씩만 남게 된다. 매사추세츠의 마지막 발전소가 폐쇄되면 메탄과 석유로 대체되어 탄소 배출량이 다시 증가할 것이고, 아니면 최소한 감소하지는 않을 것이다.

미국의 다른 주들

캘리포니아주도 매사추세츠주와 마찬가지로 모든 원자력발전소를 폐쇄했다. 2GW 규모의 샌오노프레San Onofre발전소를 2013년에 폐쇄했고, 그 결과 이산화탄소 배출 목표를 달성하지 못했다. 메탄가스가 원전 폐쇄로 줄어든 발전용량을 대체하였다.[16]

최근에는 마지막 남은 원자력발전소인 디아블로캐년Diablo Canyon을 폐쇄하기로 발전소 측과 반핵 단체, 노동조합, 주정부 사이에 최종 합의가 이루어졌다는 주정부 발표가 있었다. 이 발전소는 캘리포니아 전체 전력의 9%를 공급하며 31년간 성공적으로 운영되어왔다. 폐쇄 합의를 통해 원전을 청정한 재생에너지발전소로 대체할 것이라고 선언했다.

하지만 디아블로캐년원전을 청정에너지로 대체하겠다는 거창한 선언에도 불구하고 그것을 어떻게 실천에 옮기겠다는 구체적인 방안은 합의서에 명시하지 않았다. 합의서에는 "당사자들이 원전을 대체하는데

출처: California Energy Commission.

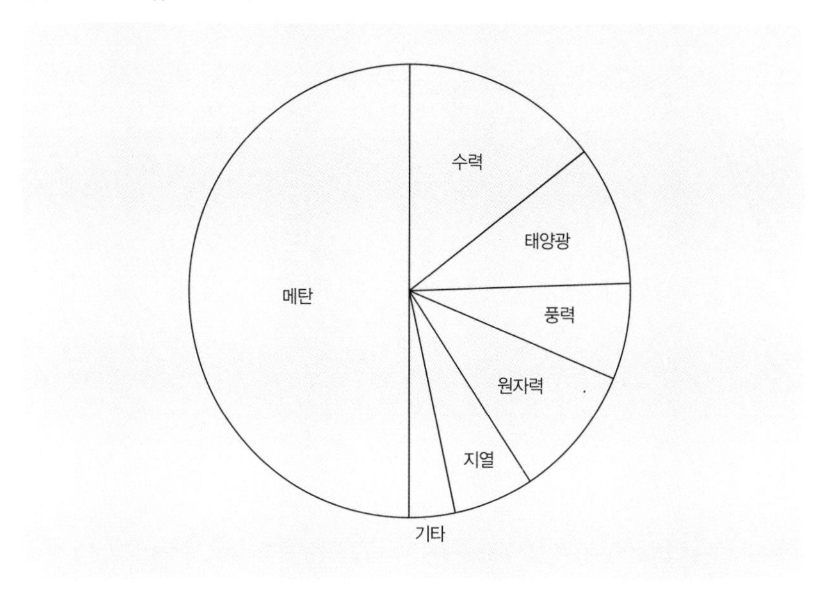

2016년 캘리포니아주의 에너지믹스. 당시 샌오노프레San Onofre 원전은 폐쇄되고, 디아블로캐년Diablo Canyon 원전은 가동되고 있었다.

필요한 모든 절차를 당장 구체적으로 적시할 수는 없고, 또 그렇게 하는 게 하는 게 잘하는 것도 아니다."고 쓰고 있다.[17] 디아블로캐년원전이 폐쇄되면 캘리포니아 주민들이 사용하는 전력의 공백은 메탄가스가 메우게 될 가능성이 크다.(바이든 행정부는 2022년 말 디아블로캐년원전의 수명 연장을 위해 11억 달러(약 1조5000억원)를 지원하기로 결정했다. 이 원전은 2025년까지 가동이 중단될 예정이었으나 전력 수요 충당과 기후변화 대응을 위해 미국 행정부가 사실상 사용 연장 결정을 한 것이다. – 편집자 주)

미국에서 가장 최근에 짓기로 한 원자력발전소인 사우스캐롤라이나주의 발전소는 주 전체에 전기공급을 담당해온 석탄발전소를 대체하기 위한 것이었다. 하지만 공사비가 늘어나고, 과도한 규제, 공사 지연, 정치적 부담 등으로 인해 2017년에 건설이 중단되면서 수십억 달러의 손실이 발생했다.(조지아주의 발전소에서는 원자로 2기가 지어지고 있다.)

롱아일랜드에서는 1989년에 60억 달러 규모의 쇼어햄Shoreham원자력발전소가 완공되어 가동에 들어갈 채비를 갖추고 있었으나 정치적으로 가동 반대 결정이 내려지면서 화석연료로 대체되었다. 쇼어햄원전을 대체한 화석연료는 이후 몇 년 동안 대기 중에 약 8천만 톤의 이산화탄소를 배출하였다.[18] 이산화탄소를 많이 배출하기로 유명한 SUV 차량 포드 익스플로어 4,000만 대 무게이다. 미국의 몇 개 주에서 최근 재생에너지에 부여하는 세금감면 혜택과 유사한 방식으로 기존 원자력발전소에 보조금을 주기로 결정했다. 이런 방법으로 일리노이, 뉴욕, 뉴저지 등에서 대형 원자력발전소들을 살려냈고, 코네티컷도 같은 방향으로 나아가고 있다. 하지만 뉴욕의 경우는 이중적인 면을 보였다. 주 북부에 있는 원자력발전소들은 살려냈지만 뉴욕시에 수십 년간 전기를 공급해 온 인디언포인트Indian Point의 2GW 쌍둥이 원자로는 폐쇄했다.[19]

전국적으로, 2013년부터 2017년 사이에 미국은 원전 폐쇄로 인해 스웨덴 링할스원자력발전소(제1장 참조)의 발전용량보다 더 많은 5GW의 전력 손실을 입었다. 미국 정부는 이후 9년 동안에도 비슷한 수준의 발전량 감소가 있을 것으로 예상했다.[20]

탈원전에 나선 나라들

우려스럽게도 현재 완벽하게 가동되고 있는 원자력발전소를 폐쇄하려는 움직임이 세계 전역으로 확산되고 있다. 2011년 후쿠시마 사고 이후, 많은 나라 정치인들이 원자력 발전에 대한 반대여론, 재난에 대해 사람들이 갖는 공포감에 맞서지 않으려는 입장을 취하고 있다. 안타깝게도, 신규 메탄가스발전소 건설이나, 석탄발전소를 새로 짓도록 허가해 주는데 대해 공개적인 반대 여론이나 정치적인 부담이 거의 없다.

일본은 극단적인 사례다. 후쿠시마 사고로부터 6년이 지난 시점까지도 약 40GW의 발전용량을 가진 42기의 원자로를 가동하지 않고 놀리고 있는데, 이는 링할스발전소 10곳의 발전용량과 맞먹는다.[21] 이러한 엄청난 전력 공백을 수입해서 들여온 석탄과 석유, 가스로 메우고 있고, 신규 석탄발전소를 계속 건설해나가고 있다.[22] 일본은 탄소 배출 목표를 달성할 가능성이 희박해졌고, 약속을 지킬 가능성도 거의 없어졌다.

일본은 원자로 선단을 재가동함으로써 많은 비용을 절약하고, 이산화탄소 배출을 줄일 수 있었다. 지진과 쓰나미가 밀어닥치고 6년여가 지난 2018년 초까지 일본 내 원자로의 절반이 가동 재개 허가신청을 했는데, 그 가운데 5개만 재가동 허가를 받고 발전을 시작했다.

프랑스도 후쿠시마 사고 이후 거세진 반핵운동에 따라 전체 전력 생산량 가운데 75%인 원전의 비중을 2025년까지 50%로 줄일 계획을 세웠다. 하지만 2017년 후반, 프랑스 환경부장관이 이 계획의 시행을 10

출처: US Energy Information Administration.

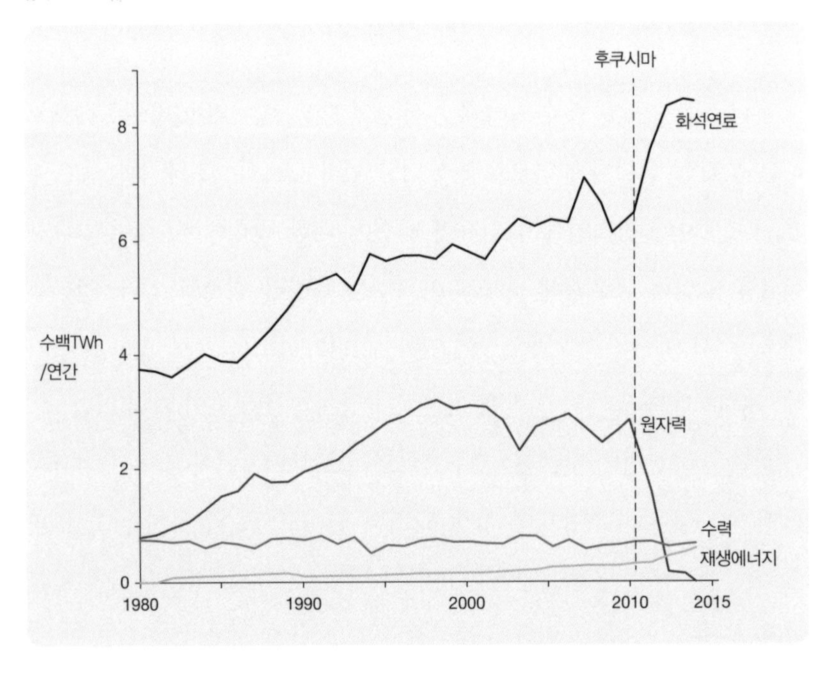

1980~2015년 일본의 전력생산믹스.
재생에너지에는 풍력, 태양광, 지열, 바이오매스가 포함된다.

녀 뒤로 늦춘다고 발표했다. 대표적인 환경운동가이기도 한 장관은 프랑스는 탄소 배출을 줄이기 위해 석탄을 비롯한 화석연료발전소를 폐쇄하는데 정책의 우선순위를 두어야 한다고 선언했다.[23] 이러한 발표에 이어 에마뉘엘 마크롱 프랑스 대통령도 프랑스는 원자력발전소를 단계적으로 폐쇄해 나가는 독일의 예를 따르지 않을 것이라고 밝혔다. 그는 정책의 우선순위를 탄소 배출 감소와 오염물질을 내뿜는 석탄화력발전소 폐쇄에 둘 것임을 분명히 했다. 프랑스 만세![24]

한국은 최근 가장 성공적인 원자력 생산국 가운데 하나가 된 나라인데, 한국도 근년에 원자로 한 곳에 대해 조기폐쇄와 가동중단 결정을 내린 바 있다. 한국은 수십 년 전 원자력기술을 도입해와 자국의 과학자와 공학도를 교육시켜 자체적으로 전문가 세대를 키워냈다. 표준화된 한국형 원전 설계 기술로 원자력발전소를 신속히, 그리고 성공적으로 가동시켜 kWh당 5센트 미만의 발전단가로 전기를 생산해내기 시작했다.[25] 그러나 2017년 한국 대통령 선거 직전에 그린피스를 비롯한 반핵 단체들이 원전 폭발과 사망사고가 대거 포함된 특집영화('판도라')를 적극 홍보하며 탈원전 캠페인을 벌였다. 이 탈원전 캠페인이 일부 국민의 생각에 어느 정도 영향을 미쳤고, 탈원전 정책을 공약으로 내건 (문재인) 후보가 대통령으로 선출되었다.[26]

문재인 대통령은 이미 10억 달러 이상이 투입된 원자력발전소 두 곳의 공사를 중단하고, 모든 직업 계층에서 약 500명의 시민 참여단으로 구성된 공론화위원회가 공사의 중단과 재개 등 원자력발전소와 관련한 향후 대책을 결정하도록 했다. 2017년 10월, 공론화위원회는 원자로 두 곳의 공사 재개 결론을 내리고, 대통령도 이를 수용했다. 하지만 공론화위원회는 장기적으로 원자력 발전을 축소하는 쪽으로 에너지 정책을 추진하라고 정부에 권고했다. 계획된 신규 원전 6기도 백지화되었다.[27] 이 탈원전 로드맵이 예정대로 진행될 경우 한국의 원자력 발전은 메탄으로 대체되어 연간 수십억 달러의 추가비용이 발생하며, 2030년 경 노후 원자로를 모두 폐쇄하면 결과적으로 한국은 파리기후협정 이행이 불가능해진다.[28] (2022년 취임한 윤석열 대통령은 탈원전 정책을 공식 폐기하고 원전 생태계 복원 정책을 추진하기 시작했다. 원전 10기 수출을 목표로, 미국과 소형모듈원자로SMR 분야 협력을 모색하고, 2030년 전력믹스에서 원자력 발전 비중을 30% 이상으로 확대한다는 방침이다. – 편집자 주)

스웨덴에서도 정치적인 바람이 원자력 발전에 반대하는 방향으로 불고 있다. 녹색당이 연정에 참여한 스웨덴 새 정부는 원자로 몇 기를 조기 폐쇄키로 했다.[29] 만약 스웨덴이 독일의 뒤를 따라 원자력발전소를 빠르게 폐쇄한다면 매우 극적인 결과가 나타날 것이다. 최근 연구에 따르면, 스웨덴은 대규모 수력 발전 능력을 갖추고 있음에도 불구하고, 풍력 및 태양광 발전의 간헐적 특성 때문에 국가는 대규모 초과 발전시설을 갖추어야 한다. 연간 약 150테라와트시TWh의 수요를 충족하기 위해 풍력과 태양광으로 400TWh 이상의 전력을 생산해야 하고, 이를 위한 그리드 업그레이드도 필요하게 될 것이다. 전기요금은 다섯 배로 오르게 된다. 대신 화석연료를 이용해 재생에너지원의 간헐성을 보완해 준다면 신규 풍력 및 태양광 발전 시설을 절반으로 줄일 수 있겠지만, 그렇게 하면 전기요금이 크게 오르고, 탄소 배출량도 증가할 것이다.[30]

더 좋은 해결책은 스웨덴의 원자력 발전량을 늘려서 에너지 수송수단의 탄소 배출을 줄이고, 북유럽 전력망에 청정에너지를 수출해 독일과 폴란드의 석탄화력발전을 대체해 주는 것이다.

제12장

차세대
원전 기술

현재 가동되는 각국의 원자로 대부분은 '2세대 원자로'이다.('1세대 원자로'는 실험용 수준의 초기 원자로를 말한다). 이들은 오랜 시간 동안 가동되며 경제성과 안전성이 입증되었다. 특히 일본과 독일처럼 우수한 2세대 원자로를 가진 나라들은 이를 계속 가동시키도록 해야 한다. 저비용으로 많은 2세대 원자로를 건설할 수 있는 능력을 갖춘 나라라면 여러 가지 측면에서 원자로 가동을 계속하는 쪽으로 정책 방향을 잡는 게 좋다.

3세대 원자로

3세대 원자로 설계는 1986년 체르노빌 사고 이후 등장했는데 지진이나 운영 잘못 같은 비정상적인 상황이 일어났을 때 더 안전하다. 이 원자로들은 '워크어웨이 세이프'walk-away safe형 설계로, 운영자가 자리를 떠나도 최소 72시간 동안 안전하게 자동 셧다운shutdown되어 노심이 녹아내리는 멜트다운의 위험을 막아준다. 사람이 조작하는 대신 중력의 원리로 작동된다. 반면, 후쿠시마 원전의 설계는 사고가 일어날 경우 전기로 냉각수를 공급해야 하는데, 대형 쓰나미로 비상 발전기가 모두 침수되어 작동을 멈춘 것이다.

3세대 원자로 여러 기가 성공적으로 운영되고 있지만, 유럽과 미국에서 건설 중인 3세대 원자로들은 어려움을 겪고 있다. 설치가 쉽고 비용이 적게 들도록 설계된 원자로가 공사기간이 늘어나고, 복잡한 규제로 인해 실제 비용이 엄청나게 늘어났기 때문이다.

특히 미국에서는 원자력 산업이 수십 년 동안 새로운 원자로를 짓지 않아, 만들어 본 적이 없는 설계로 경쟁에 뛰어드는데 큰 어려움을 겪었다. 지금까지 새로 만들어 가동을 시작한 원자로는 테네시주에 있는 와츠바Watts Bar 2호기 한 대뿐이다. 그러나 이 원자로는 1980년대에 제작이 중단된 2세대 형으로, 42년의 제작 기간 동안 복잡한 규제조항에 맞추기 위해 계속 설계 변경을 하다 보니 비용이 120억 달러나 들었다.

미국을 대표하는 3세대 모델은 웨스팅하우스 AP1000이다. 안전성을 높여 설계되었을 뿐만 아니라, 단순화로 필요한 건설자재도 줄여 경제성을 높였다. 이 모델은 2005년 미국원자력규제위원회NRC의 승인을 받았고, 원자로 4기가 건설될 예정이었다. 하지만 10년 넘게 공사가 가다 서다를 반복하며 많은 초과비용이 발생했다. 규제조항과 설계가 계속 바뀌고, 반핵 단체들은 원자력발전소에 대한 반대와 법적조치를 지속적으로 제기했다. 100억 달러 가까운 거액의 손실을 입은 웨스팅하우스는 2017년 파산신청을 하고, 모회사인 도시바까지 위기에 빠트렸다. 사우스캐롤라이나주에서 건설 중이던 원자로 2기는 공사가 중단되고, 조지아주에 남은 원자로 2기도 아슬아슬하게 공사를 이어갔다.(중국은 AP1000 모델 4기를 짓고 있지만 몇 년에 걸쳐 공사가 지연되고 있다. 2018년에 첫 번째 모델이 가동을 시작했다.)

미국의 또 다른 대형 원자력 기업은 제너럴 일렉트릭General Electric이다. 제너럴 일렉트릭은 일본 측 파트너사인 히타치와 함께 수십 년에 걸친 원자로 건설 경험을 갖고 있고, 3세대 원자로인 개량형비등경수로Economic Simplified Boiling Water Reactor, ESBWR를 개발했다. 2017년 미국원자력규제위원회NRC는 버지니아주에 ESBWR 건설을 승인했다. NRC가 ESBWR 설계를 인증하기까지 9년이 걸렸고, 버지니아주의 원자력발전소 건설을 승인하는데는 그보다 몇 년이 더 걸렸다. 건설 공사가 시작되기도 전에 이만큼 긴 시간이 소모된 것이다. 미시시피주에 짓기로 한 ESBWR 원자로는 이렇게 10년을 끌다 결국 공사를 포기했다.

프랑스의 대표적인 원전 기업 아레바AREVA는 EPR유럽형가압원자로,

사진: International Atomic Energy Agency.

IAEA 사무총장과 아랍에미리트 원전 기업의 총수가 가동되기 5년 전인 2013년 한국형 APR1400 원자로 건설현장을 둘러보고 있다.

European Pressurized Reactor로 불리는 3세대 원자로를 개발했다. 이 신형 원자로를 프랑스와 핀란드에서 각각 한 기씩 건설했는데, 두 곳 다 공사기간이 10년씩 걸리며, 완공이 여러 해 늦어지고, 건설비용도 수십억 달러씩 올라갔다. 중국은 EPR 원자로 2기를 건설 중인데, 공사가 예정보다 여러 해 늦어지고 있지만 유럽에서보다는 진행 속도가 더 빠르고 비용도 적게 들고 있다. 중국 광둥廣東성 타이산臺山에 건설한 EPR 원자로는 2018년에 가동을 시작했다. 영국도 EPR원자로 2기 공사를 시작했고, 인도는 2018년 EPR 원자로 6기를 짓기로 합의했다.

러시아는 3세대 원자로 1기를 운영 중이고,[1] 핀란드를 비롯한 몇 군데로 수출할 원자로를 포함해 여러 기의 3세대 원자로를 짓고 있거나 지을 계획을 갖고 있다.

마지막으로, 비용 측면을 고려할 때 가장 의미 있는 모델이 바로 한국이 독자적으로 개발한 3세대 원자로 APR1400일 것이다. 현재 1기가 가동 중에 있고, 아랍에미리트UAE에 수출한 4기를 포함해 여러 기가 건설 중이다. 논란의 여지가 없지 않지만 APR1400은 3세대 원자로의 선두주자로 떠오르고 있다. 아랍에미리트의 원자력발전소는 예정된 기간 내 완공되고 있고, 기가와트급 발전용량을 가진 대형 원전 1기당 건설 비용은 40억~45억 달러로 한국의 원자력발전소보다는 높지만 여전히 세계시장에서 경쟁력을 가지고 있다.(한국은 2009년 UAE 원전 수출계약을 따낸 지 12년 만인 2021년에 바라카 1호기 상업운전을 시작했고,2024년에는 4호기까지 차례로 가동에 들어간다는 계획이다. – 편집자 주)

4세대 원자로

3세대 원전 건설상의 문제, 그리고 유럽과 미국 원전 산업의 전반적인 불만 사항이 합쳐져 수십 개의 기업이 근본적으로 다른 신형 원자로 개발에 나서고 있다. 국가 주도로 이루어지는 프로그램이 몇 개 있고,

10억 달러 넘는 투자를 받은 수십 개의 민간 스타트업 기업이 '4세대' 원전 건설에 참여하고 있다.[2] 미국의 규제체계는 2세대와 3세대 경수로 원자로에 맞춰져 있기 때문에 새롭고 더 혁신적인 설계에 맞춰 빨리 손볼 필요가 있다.

MIT의 리처드 레스터Richard Lester 교수는 현재 4세대 신형 원자로를 개발하는 기업의 입장을 이렇게 설명한다. "결과에 대한 확신도 없고, 개발과정에서 명확한 지침도 없이 밑도 끝도 없이 '전부 아니면 전무'의 심정으로 승인절차에 10억 달러 넘는 돈을 쏟아 부어야 하는 입장이다."[3] 그래서 대부분의 4세대 원자로 스타트업들이 미국 바깥에서 모델을 개발하는 쪽으로 방향을 바꾸는 것도 놀랄 일이 아니다.

가장 유명한 4세대 원전기업 가운데 하나인 테라파워Terrapower는 빌 게이츠가 공동 창업했는데,[4] '이동파 원자로'traveling wave reactor로 불리며 우라늄에서 플루토늄을 '양성'breeds해서 연료로 사용한다. 모든 과정이 원자로 안에서 이루어진다. 원자로의 수명이 수십 년 동안 지속되는 내내 핵연료를 따라 핵분열반응이 점진적으로 진행되기 때문에 이동파 원자로로 불린다.[5]

이런 방식이 제대로 성공한다면, 땅에 큰 원통을 파묻어놓고 수십 년 동안 전기를 생산하고, 수명이 다하면 파내서 새 것으로 교체하면 된다. 기존의 '증식원자로'와 달리, 이 원자로는 플루토늄을 외부로 운반해 재처리할 필요 없이 모든 과정이 원자로 안에서 이루어진다. 그렇기 때문에 핵무기 확산의 우려를 줄이고, 테러 공격, 쓰나미 등으로부터 안전하다. 이런 방식으로 화석연료보다 더 저렴하게 전기를 생산할 수 있기를 기대하고 있다.

테라파워Terrapower는 미국의 규제 환경에 문제가 있다고 판단해 중국 정부와의 합의 아래 중국에서 원자로를 개발하기로 했다.[6] 이 원자로는 중국에서 개발해 가동하게 되며, 2025년까지 1차 개발을 완료할 계획이다. 그 다음에는 전 세계로 수출해 탄소 배출 감소에 크게 기여할 수 있기를 기대하고 있다.

다수의 기업이 액체 연료 용융염熔融鹽, molten salt을 사용하는 신개념 원자로 개발을 추진하고 있는데, 오늘날 원자로에서 쓰는 고체 핵연료봉 대신 액체 연료를 사용하는 것이다. 여러 형태의 용융염이 이러한 핵연료 매개체로 사용되었다. 1960년대 미국 정부에 의해 개발된 시험용 원자로는 이러한 설계가 가능하다는 것을 입증해 보여주었다. 하지만 오늘날 고체 연료봉을 사용하는 소듐 및 냉각수원자로가 채택되면서 시험용 액체 연료 원자로는 폐기되었다. 용융염 원자로는 캐나다 원자력 기술기업 테레스트리얼 에너지Terrestrial Energy를 비롯한 여러 스타트업과 중국 정부가 지원하는 프로그램에서도 개발이 진행되고 있다.

테레스트리얼 에너지가 개발 중인 원자로는 소형모듈원자로SMR의 일종이다. 오리건주에 있는 원전 기업인 뉴스케일 파워NuScale Power에서 개발한 SMR 원자로는 경수로원자로이고, 용융염 원자로, 액체 금속으로 냉각되는 원자로 등이 있다. SMR은 전력을 필요로 하는 장소 가까이에 건설할 수 있는 소형 원자로이고 필요한 수준의 전력량을 생산하기 위해 여러 개를 집단으로 세울 수 있다는 장점이 있다. 소형이기 때문에 원자로를 중앙에서 제작할 수 있고, 비용이 많이 드는 현장작업을 최소화하고 설계를 표준화할 수 있다. 예를 들어, 테레스트리얼 에너지는 공사기간 4년 안에 원자로를 건설하고, 화석연료에 탄소가격을 부과하지 않더라도 화석연료보다 낮은 단가로 전기를 생산하고자 한다. 테레스트리얼 에너지를 비롯한 몇몇 4세대 원전 기업들은 미국 정부 프로그램의 지원을 받아 정부 실험실과의 연구 협력을 통해 자신들의 아이디어를

소형모듈원자로 건설 개념도.

건설현장 사진과 조립한 소형원자로를
트럭으로 운반하는 개념도

테스트하고, 연구 결과가 결실을 맺을 수 있도록 지원받고 있다.

또 다른 4세대 원자로는 토륨과 우라늄을 주연료로 사용하는 것이다. 이 연료는 용융염 원자로에서도 사용된다. 토륨은 원자로 안에서 우라늄-233으로 변환되며, 이것이 핵분열을 일으킨다. 토륨은 우라늄에 비해 여러 가지 장점이 있으며, 1960년대 미국 정부에서도 사용 가능성을 타진했다가 핵무기 생산에 적합하지 않다는 이유로 채택하지 않았다.[7] 인도는 앞으로 수십 년 동안 주연료로 토륨을 사용하려고 하고 있고, 4세대 원자력 기업 여러 곳에서 상용화를 위한 작업을 하고 있다.

토르콘ThorCon은 액체 연료를 사용하는 토륨 원자로 개발에 나서고 있는 여러 원자력 기업 중 한 곳이다.[8] 테레스트리얼 에너지Terrestrial Energy, 뉴스케일NuScale 원자로와 마찬가지로, 토르콘 원자로는 공장에서 완성품을 제작한 다음 현장으로 운반해서 설치한다. 해안에서 멀리 떨어지지 않은 얕은 해저가 설치하기에 적지일 수 있다. 이 원자로에는 두 개의 연료 '통'can이 있는데 하나는 전력 생산에 쓰이고, 다른 하나는 냉각용이다. 이 통은 수년마다 교체되며, 중앙에서 서비스 작업과 연료 보충 작업을 진행하는 동안에도 원자로가 계속 전력을 생산할 수 있도록 되어 있다. 다른 용융염 원자로와 마찬가지로 이 원자로들도 비상시에 자동안전 시스템이 작동하며, 외부에서 손을 쓰지 않아도 자동으로 연료가 빠져 나가고 냉각되기 때문에 안전하다.

토르콘의 간부들은 조선업계 출신들이라 조선기술을 이용해 중앙집중식으로 원자로를 대량생산해 생산단가를 낮추는 게 성공의 핵심 요건이라고 생각했다. 원자로는 표준설계와 표준부품을 '블록'block별로 제작한 다음 한곳으로 모아 조립하기 때문에 이론상으로 석탄발전소보다 건설비가 적게 든다. 계획대로 성공할 경우 토르콘은 kWh당 3~5센트의 생산비로 이산화탄소를 배출하지 않는 전기를 생산하게 된다.

토르콘은 아시아나 유럽의 조선소에서 원자로 여러 기를 제작해서 인도네시아로 가져와 설치하는 문제를 인도네시아 정부와 협의하고 있다. 이를 통해 급등할 것으로 예상되는 인도네시아의 전력 수요를 충족시킨다는 계획이다. 궁극적으로 토르콘은 발전용량 1GW짜리 원자력발전소를 연간 100곳 건설하겠다는 목표를 갖고 있다. 대규모 조선소들이 비슷한 블록 제작기법을 통해 매년 대형 선박 100척을 생산해내는 것과 마찬가지다. 이는 링할스원전을 2주마다 하나씩 짓는 것과 같은 규모이며, 급속한 탄소 배출 감소를 실현하기 위한 매우 야심찬 계획이다.

MIT에서도 조선소를 이용해 원자력발전소를 건설하는 아이디어를 내놓았다. MIT 연구진은 이미 개발돼 있는 기술인 원전 제작과 연안 원유 시추 플랫폼 건설 등 두 가지 기술을 결합하는 안을 제시했다. 이렇게 해서 건설하는 원자력발전소는 해안으로부터 8~10마일 떨어진 자국 영해에 위치해 부지 문제와 쓰나미나 지진으로 인한 피해도 피할 수 있게 된다. 이렇게 세워진 발전소는 기가와트GW 단위의 전기를 해저 케이블을 통해 지상 전력망으로 보내게 된다. 원유 시추 플랫폼처럼 실린더형 구조물 최상부에 작업자를 위한 공간이 마련되며, 작업자들은 한두 달씩 교대근무를 하게 된다. 작업자를 실어 나를 헬기 이착륙장도 들

사진: Seongjoon Cho / Getty Images.

한국의 현대조선소. 이들 조선소에서 연간 1백 척의 배를 건조해내는데, 배 한 척 건조에 들어가는 철강의 양이 1GW 토르콘 원전 한 기 건설에 드는 철강의 양과 맞먹는다. 2015년.

어선다. 원자로는 수면보다 낮은 구조물 안에 자리하고, 바닷물을 이용해 냉각하고 비상 상황에는 다른 에너지 없이 수동백업냉각passive bakup cooling을 수행한다. 중앙집중식 건설과 조선소 방식, 그리고 콘크리트 사용을 최소화하고 철근을 사용해 건설비를 낮춘다. 상황이 변하거나 60년 수명이 다하면 발전소를 다른 장소로 견인해 간다.[9]

MIT에서 최근에 개발한 변형 설계는 한국형 원자로 APR1400처럼 이미 설계인증을 받고 제작된 대형 원자로 두 개를 갖춘 대형 선박 모양의 플랫폼을 쓴다. 기존 원전이 자리하고 있는 항구가 됐건, 아니면 10마일 떨어진 해상이 됐건 해상 원전을 지으면 해안 가까운 육지에 사람이 붐비는 인도 같은 나라에서 부지 문제가 해결될 수 있다. 안전 면에서, 과거에 일어난 큰 원전사고가 모두 냉각 시스템 고장과 관련 있다는 점을 감안하면 바다는 경수로 원전을 세우기에 이상적인 장소이다.

핵확산 면에서 해상 원전은 핵연료 사이클 전체가 해상에서 이루어지기 때문에 해당 국가가 핵물질을 전용해 비밀리에 핵무기 개발에 쓰고 싶은 유혹이 생길 여지가 줄어든다. 무엇보다도 중요한 점은 선진 기술을 갖춘 조선소에서 동일한 부품 수십 개를 대량생산해 냄으로써 원전 건설과정이 공장의 제조공정처럼 바뀐다는 것이다. 덕분에 해상 원자로는 다른 어떤 화석연료보다 크게 낮은 생산비로 전기를 만들어낼 수 있다. 제조공장 같은 중앙집중식 생산 공정 덕분에 전 세계가 필요로 하는 만큼 빠르게 공급을 확대할 수 있다. 이런 건설속도는 원전 부지에서 직접 건설작업을 진행해서는 만들어내기가 불가능하다.[10]

많은 4세대 원자력발전소들이 갖는 공통점 중 하나는 중국, 캐나다, 인도네시아 등 미국 바깥으로 눈을 돌린다는 것이다. 만약 미국 정부가 세계 원전 산업의 주도권을 되찾고, 미국을 이 신기술의 선두주자가 되도록 만들고 싶다면 기술발전을 위한 정부의 지원을 크게 늘려야 한다. 정부 연구소를 활용하고 과학자들과의 협력을 권장하는 것이 하나의 좋은 출발점이 될 것이다. 하지만 새로운 원전 제작기술에 맞게 규제 시스템을 바꾸는 작업이 여전히 미흡하다. 이러한 신기술의 발전은 기후변화의 위협에서 인류를 구하는데 매우 중요한 일일 뿐만 아니라, 미국 경제의 건강한 발전을 위해서도 필요하다.

정치 마케팅적인 관점에서, 4세대 원전은 기존의 원전 설계에 비해 몇 가지 장점을 갖고 있다. 사람들이 원전에 대해 갖는 불안감은 근거 없는 것이기는 하지만, 그렇더라도 4세대 원전 설계가 기존의 원전에 비해 '더 안전하고' 모든 면에서 더 우수하다는 확신을 심어줌으로써 이런 불안감을 줄일 수 있다. 심리학적인 면에서 사람들은 비슷한 제품과 비교해 더 나은 제품을 선호하는 것으로 나타난다.[11] (다시 말해, 4세대 원전은 기존 원전보다 더 우수한 기술을 갖추고 있다) 또 다른 정치적 이점으로는 4세대 원전이 전력요금을 낮춰줄 가능성이 실제로 높다는 점이다. 사람들은 휴대폰에서도 최첨단 신기술로 만든 새로운 모델을 선호한다. 미국 의회는 4세대 원전 연구 및 개발R&D에 대한 정부 지원을 초당적으로 지지하고 있다.[12]

4세대 원전과 관련한 우려 가운데 하나는 일반대중과 정치인들이 지금 나와 있는 모델을 사용하는 대신 새 모델 개발이 마무리되기까지 10~20년 더 기다리는 게 낫지 않느냐는 생각을 할 수 있다는 점이다. 이는 10~20년 후 인공두뇌가 장착된 휴대폰이 개발될 때까지 기다리겠다며 지금 나와 있는 휴대폰도 쓰지 않겠다는 것과 같다. 원전의 안전성을 더 키워야 한다는 주장이 지금 가동되는 원전이 안전하지 않다는 인식을 심어주는 것이다. '지금 원전이 안전하다면 원전의 안전성을 키우라는 주장이 왜 나온단 말인가?' 하는 식이다. 하지만 지금 가동되고 있는 원전도 사실은 매우 안전하다. 그렇기 때문에 4세대 원전 개발을 진행하면서 동시에 원전 사용 확대를 얼마든지 추구해도 되는 것이다.

핵융합원자로

미래에는 핵융합로fusion reactor 같은 더 혁신적인 설계들이 개발될 것이다.(태양이 하는 것처럼 수소 같은 가벼운 원자의 핵융합 반응을 이용하며, 핵분열원자로는 우라늄과 같은 무거운 원자의 핵분열 반응을 이용한다) 프랑스를 중심으로 35개국이 참여하는 국제협력체가 200억 달러를 투자해 500MW의 핵융합로를 프랑스에 건설하기 위한 작업을 진행하고 있다. 개발 참여국들은 이 핵융합로의 부품이 1000만 개에 달해 '환상적인 복합체' fantastically complex로 부르며, 2035년에 운전 개시를 목표로 잡고 있다.[13] 또 다른 한편에서는, 밴쿠버 인근에 자리한 스타트업 기업 제너럴 퓨전General Fusion이 소형 핵융합로 개발을 위해 1억 달러의 투자를 유치해 10년 안에 프로토타입 개발을 목표로 관련 기술 개발을 진행 중이다.[14]

핵융합로를 비롯한 에너지 분야의 여러 혁신 작업은 계속 진행되겠지만, 그러는 도중에 중기적으로 4세대 핵융합로가 개발되어, 이번 세기 중반 세계경제가 크게 성장하면 그에 필요한 전기수요의 상당 부분을 감당할 수도 있을 것이다. 물론 핵융합로 개발에만 기댈 수는 없지

만, 실현 가능성이 매우 높기 때문에 핵융합로 개발을 적극 추진해야 할 것이다.[15]

지구공학

원자력 아닌 분야에서 언급할 만한 신기술은 '지구공학'geoengineering이다. 반사 지구공학Reflective geoengineer ing은 대기 중에 이산화황 같은 미세입자를 상층 대기로 방출해 지구로 오는 햇빛을 반사시켜 지구온난화를 늦추려는 것이다.[16] 우리는 이러한 과정이 지구를 식히는데 효과가 있다는 사실을 알고 있다. 대규모 화산 폭발로 다량의 이산화황이 상층 대기로 분출하고 난 뒤 지구 온도가 약간 내려가는 것을 보았기 때문이다.(아이러니하게도 석탄이 연소할 때 나오는 입자도 약간의 냉각효과를 내지만, 이는 이산화탄소의 온난화 효과보다 훨씬 적다.) 이 책 저자들은 지구에 약간의 시간을 벌어줄 수도 있을 이러한 작업에 대한 연구를 지지한다.[17] 하지만 이러한 연구가 갖는 한계도 분명히 있다는 사실도 알아야 한다.

반사 지구공학으로 온실가스 효과를 역전시키지는 못하겠지만, 온실가스 효과에다 엇갈리는 방향으로 움직이는 프로세스를 덧씌우겠다는 것이다.[18] 이 두 가지 과정이 서로 반대방향으로 움직이지는 않지만, 이들은 하루 중 시간과 계절에 따라 서로 다르게 작동한다. 이들은 해양에 전혀 다른 영향을 미친다. 대기 중 이산화탄소의 증가가 바닷물의 산성화를 가져오는데, 햇빛 반사로는 이러한 변화를 막지 못한다. 그래서 반사 지구공학은 전반적으로 지구의 온난화를 늦출 수 있지만, 어떤 지역에서는 상황을 더 악화시킬 수도 있다. 어떤 지역에서 가뭄을 심화시키고 또 어떤 곳에서는 홍수를 증가시키는 방식으로 날씨 패턴을 바꿀 수 있다. 우리가 이산화황 입자를 대기권에 방출하는 것을 멈추는 순간 온실가스 효과가 순식간에 되살아나서 기온이 급상승하게 된다.(이런 갑작스러운 변화는 생태계가 적응할 수 없는 최악의 기후변화 형태이다.)

반사 지구공학은 화산 폭발이 대기온도를 식히는 효과를 낸다는 사실에 착안한다.
화산 폭발이 대기온도에 미치는 영향을 보여주는 개념도. 2011년.

그래픽: Hugh Hunt via Wikimedia Commons (CC Attribution-Share Alike 3.0 Unported)

이런 문제 때문에 반사 지구공학은 신중한 연구 후에 시작하도록 해야 한다. 그리고 몇 십 년에 걸쳐 아주 천천히 도입하고, 폐기 절차도 몇 십 년에 걸쳐 아주 서서히 진행하도록 해야 한다. 잠재적으로 미래에 유용한 도구일 수 있지만, 지구온난화를 금방 해결할 수 있는 해결책은 아니고, 우리가 지구의 기후변화에 대한 통제력을 상실하기 전에 온난화를 급속하게 멈출 수 있는 수단도 결코 아니다. 미국 국립연구위원회의 지구공학 보고서는 기후변화를 늦추는데 있어서 "온실가스 배출량을 급속히 줄이는 것 외에 다른 방법은 없다."고 결론짓고 있다.[19]

지구공학에는 대기 중에서 이산화탄소를 직접 포집하는 방법도 있다. 간단하고 긍정적인 방법이지만, 지금까지는 너무 비용이 많이 들어 실효성이 없었다. 앞으로 몇 십 년에 걸쳐 기술이 발전하면 대기 중의 이산화탄소 농도를 안전한 수준까지 낮출 방법을 찾아야 할 것이다.

'탄소 포집 및 저장'CCS은 발전소에서 배출되는 이산화탄소가 대기 중으로 나가기 전에 필터로 흡수하는 것을 의미한다. 이산화탄소 농도가 높기 때문에 작업은 더 쉬운 편이다. 비용은 지금도 비싸지만 CCS는 추구해야 할 중요한 조치이다. 하지만 탄소 포집을 추구하더라도 탄소 배출을 신속히 줄여야 하는 필요성은 여전히 중요하다. 2017년에 수십억 달러를 투입한 '청정 석탄' CCS 프로젝트는 중단되었지만, 메탄가스 CCS 발전소 설계는 성공 가능성을 보여주었다.[20] 이산화탄소를 많이 배출하지 않는 메탄가스 발전소는 탄소 배출 감소에 크게 기여할 수 있지만, 연소되지 않은 메탄가스가 누출되는 것은 해결해야 할 문제이다.

제13장

중국, 러시아, 인도

만약 세계가 신속하게 탄소 배출을 감소시키려면, 그것의 성패 여부는 다음의 3개 대국에서 어떤 일이 벌어지느냐에 따라 크게 좌우된다. 중국은 지금도 단연코 이산화탄소 최대 배출국이지만, 그러면서 태양광, 풍력발전소뿐만 아니라 어떤 나라보다도 많은 원자력발전소를 짓고 있다. 러시아는 석유와 가스의 거대 수출국이면서 또한 다른 어떤 나라보다 더 많은 원자력발전소 수출국이기도 하다. 인도는 중국, 미국보다는 한참 적지만 그래도 세계 3위의 이산화탄소 배출국이다. 인도는 거대한 빈곤 인구의 빠르게 늘어나는 에너지 수요를 감당하기 위해 석탄 중심 발전 시스템을 계속 확대해 나가야 하는 실정이다.

그동안 기후변화 해결 방안에 관한 논의의 상당 부분이 미국을 비롯한 서방 선진국 중심으로 진행돼 왔다. 이 나라들이 역사적으로 화석연료 사용과 관련된 문제를 일으켜온 게 사실이고, 지금도 많은 에너지를 쓰며 이산화탄소 오염을 많이 유발하고 있는 것 또한 사실이다. 하지만 이 선진국들은 세계의 가난한 지역들이 갖지 못한 몇 가지 장점을 가지고 있다. 최근 몇 십 년 동안 이 나라들은 기술발전을 통해 에너지효율을 계속 높여왔고, 그래서 이 나라들에서는 탄소 배출량이 조금씩 감소하고 있다.(빠르게 줄지는 않지만, 늘지는 않고 있다) 그리고 이들은 부유하기 때문에 재앙이 초래되기 전에 청정에너지를 위해 많은 예산을 쓸 수 있다. 더구나 미국은 값싼 천연가스 덕분에 석탄 연료 대부분을 폐기할 수 있었다.

전 세계 가난한 나라들은 큰 제약에 직면하고 있다. 인도의 농부들은 자녀들이 밤에 공부할 수 있도록 절실히 전기가 필요하지만, 비싼 전기요금을 지불할 여력이 없다. 러시아 경제는 석유와 가스 수출에 의존하고 있는데, 대체 수입원 없이 이 돈줄이 갑자기 끊어지면 경제가 붕괴될 것이다. 만약 에너지 공급이 뒤를 받쳐주지 못한다면 빠른 성장을 하고 있는 중국 경제는 사회적 불안정이라는 심각한 결과를 견디지 못하고 멈춰 서게 될 것이다. 이 세 나라 모두 저렴한 에너지는 사치가 아니라 경제적, 정치적으로 필수품이다. 하지만 세 나라 모두 원자력 발전을 신속히 늘려서 빈 공간(중국과 인도는 에너지 소비 부족분, 러시아는 에너지 수출 부족분)을 메울 수 있다. 이들 나라 모두 민간 원자력 산업을 잘 발전시켜

놓았고, 핵무기를 이미 개발해 놓고 있어서 핵확산이 큰 이슈가 되지 않는다는 사실이 도움이 된다.

서구 민주주의 국가의 사람들은 원자력 발전이 고사되고 있는 것으로 생각할 수 있겠지만, 전 세계적으로 보면 그렇지가 않다. 현재 31개 나라에서 449기 정도의 원자로가 가동되고 있고, 전 세계 전력 생산량의 11%를 원자력이 생산하고 있다. 이는 청정에너지원으로 수력에 이어 2위에 해당된다.[1] 2018년 기준으로 15개국에서 53개 신규 원자로가 건설되고 있으며, 그 중 대부분이 중국, 인도, 러시아에 있다.

중국

중국은 기후위기 문제에서 중요한 위치를 차지하는 나라이다. 지난 30년 동안 보여준 놀라운 경제 성장은 중국인들의 생활수준을 크게 높여주었을 뿐만 아니라 중국을 세계의 생산 공장으로 만들었다. 중국은 태양광 및 풍력 설비를 아주 저렴하게 생산해서 전 세계에 공급하는 선두 국가가 되었다. 그러는 동시에 여전히 엄청난 양의 석탄을 연소시키고 있고, 거기서 나오는 탄소 배출량은 위험할 정도로 높아 대도시마다 스모그가 사람들의 목을 막히게 할 정도로 심각하다.

더 고약한 것은 스모그를 줄인답시고 먼 시골 지역에서 석탄을 사용해 도시에서 깨끗하게 연소시킬 가스를 생산하는데, 그렇게 하면 가스 생산과정에서 전체 온실가스 배출량이 더 높아지는 비싼 대가를 치르게 된다.[2] 중국 기업들은 또한 다른 개발도상국들에 석탄발전소를 지어주는데도 주요한 역할을 하는데, 앞으로도 발전용량 수백 기가와트GW에 달하는 석탄발전소를 새로 지을 계획을 갖고 있다.[3] 중국의 석탄 문제를

중국은 원자력발전소 건설에서 세계 1위 국가이다.

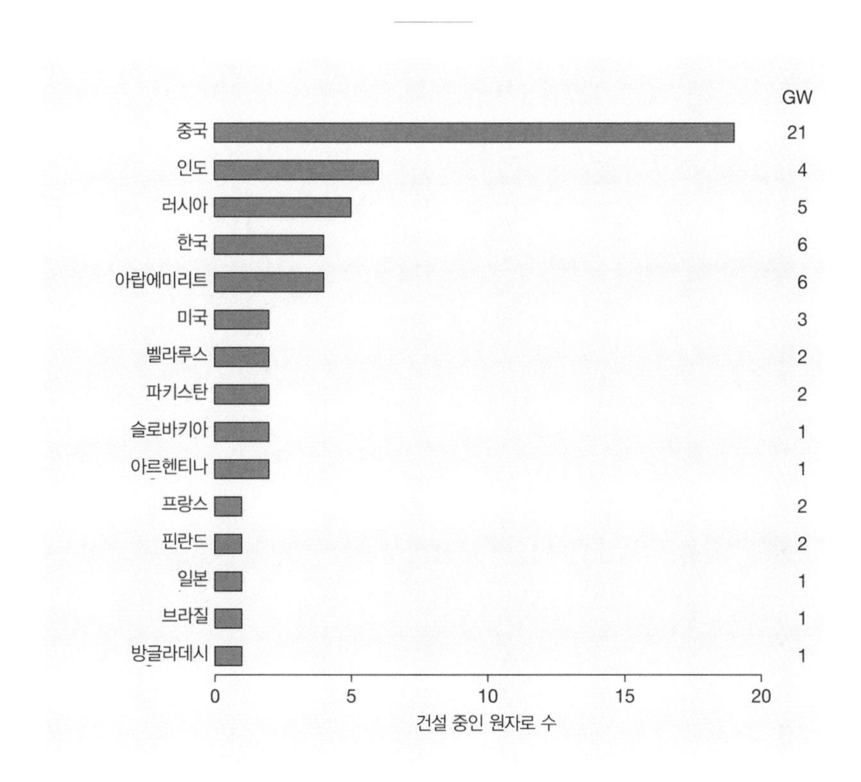

출처: World Nuclear Association.

해결하지 않고 세계 기후 문제를 해결하는 것은 절대로 불가능하다. 중국 정부는 자국의 이산화탄소 배출량이 2030년 전후로 최고점에 달할 것이라고 말하고 있는데, 많은 전문가들은 이 시기가 그보다 더 앞당겨질 것으로 생각한다. 하지만 제1장에서 본 것처럼, 높은 이산화탄소 배출량을 현재 수준에서 안정시키는 것만으로는 기후 문제를 해결할 수 없다.

그렇다면, 중국에서 빠르게 석탄을 대체할 수 있는 것은 무엇일까? 중국은 태양광과 풍력 발전소를 최대한 빠르게 건설하고 있지만, 이 발전소들은 늘어나는 수요를 따라잡는데 그칠 뿐이고, 이미 가동 중인 석탄발전소는 그대로 가동되고 있다. 에너지 사용량이 갑자기 줄어들지는 않을 것이다. 유일한 실질적인 대답은 스웨덴처럼 하라는 것인데, 스웨덴보다 더 큰 규모로 해야 된다. 저자 스타판 A. 크비스트Staffan A. Qvist는 중국 지도부에 이 프로그램 채택을 권유하기 위해 중국을 방문했다. 그런데 특히 주목할 것은 이 프로그램을 신속히 본격적으로 확대해 나가기에 필요한 숙련되고 풍부한 경험을 가진 전문 인력이 부족하다는 답변을 들은 것이었다. 하지만 그것은 극복할 수 있는 문제이다.

첫째, 중국은 다른 곳, 특히 원자력발전소가 폐쇄되고 있는 독일 같은 곳에서 전문 인력을 수입해 올 수 있다. 또한 미국과의 협력을 강화해 인력풀을 구축할 수도 있다.[4]

둘째, 표준화와 복제를 추진할 수 있다. 프랑스와 한국 모두 성공의 핵심 비결은 표준원자로 설계를 확정한 다음 전문가 팀이 장소를 옮겨

다니며 같은 제품을 반복적으로 짓는 것이었다. 한국은 한국표준형원전 KSNP을 만들었다. 중국은 아직 표준 설계를 확정짓지 않았지만 다양한 모형을 제작 중이며, 다양한 모형 건설을 동시에 진행할 만한 경제적 규모를 갖추고 있다고 할 수 있다. 그러나 중국은 몇 가지 핵심 기술 트랙을 선택함으로써 조만간 원자로 제작 기술을 습득하고, 조립라인에서 보잉 항공기를 제작하는 것처럼 원자로를 생산할 수 있게 될 것이다. 특정 장소에 교량 하나를 건설하는 것과는 다른 방식이다.

원자력 산업 역사와 관련해 최근 발표된 연구에 따르면, 저비용 원자

중국은 3세대 원자로 CAP1400을 비롯해 다양한 모델의 원자로를 개발하고 있다. 사진은 CAP1400 원자로 건설 현장, 2014년.

사진: Conleth Brady / International Atomic Energy Agency.

력 발전의 열쇠는 반복적으로 사용할 수 있는 표준화된 설계, 정부의 지원, 그리고 원전 한 곳에 여러 개의 원자로를 설치하는 것이다.[5] 중국은 이 세 가지를 해낼 수 있는 준비를 갖추고 있다. 이제는 여러 민간 기업이 건설하고 운영하는 핵확산 가능형 모델을 따를 필요가 없다. 미국은 새로운 원자로의 비용곡선이 상승하는 반면, 한국은 경험이 쌓이며 비용이 감소하는 추세를 보이고 있다. 이미 중국은 1GW의 원전을 20억 달러에 건설하고, 수력발전소를 제외한 다른 어떤 발전원보다 싼 킬로와트시kWh당 3~6센트에 전기를 생산할 능력을 갖추고 있다.[6]

중국은 현재 37기의 원자로를 가동하고 있고, 19기를 추가로 건설 중이다. 새로 짓는 원자로의 주력 모델은 웨스팅하우스Westinghouse의 AP1000과 이의 중국형 변형모델인 CAP1400이다.[7] 중국은 이밖에도 3세대 EPR유럽형가압경수로과 자체 개발한 고유 모델을 비롯해 대형 원자로, 소형모듈형원자로SMR, 러시아형, 캐나다형, 초소형원자로, 해상원자로를 건설하고 있다. 중국은 몇 십 년 안에 '고속' 중성자원자로 및 4세대 기술로 전환할 계획을 갖고 있다.[8] 중국은 20억 달러를 투자해 2020년 완공을 목표로 용융염molten salt원자로의 프로토타입 2기 제작을 추진해 이를 성공적으로 마무리했다.[9]

중국이 여러 원자로 모형을 샷건 방식으로 동시 제작하는데 있어서 유일한 문제는 그 사이에 석탄을 끔찍한 비율로 계속 연소시킨다는 것이다. 중국은 앞으로 기존의 경수로 기술을 이용해 원자로를 대량생산하고, 신속히 석탄발전소에서 벗어나는 일에 집중할 수 있다. 그렇게 하면서 10년 안에 4세대 기술 원자로 프로토타입을 완성하고 이를 상업화하기 위한 연구개발 투자를 크게 늘리는 것이다. AP1000 원자로(중국형 변형 모델인 CAP1400을 포함해)는 가까운 미래에 석탄발전소를 대체할 수 있는 원동력 중 하나가 될 수 있다. 중국이 제작한 AP1000 원자로 두 기는 2018년 초에 전기 생산을 시작하기로 한 계획에 따라 현재 가동되고 있다.[10] 중국은 이 원자로의 성공을 통해 더 많은 원자로 제작에 나설 계획을 갖고 있다.

중국이 3세대 원자로 기술을 적용한 후알롱원Hualong One원자로도 1년 뒤 완성을 목표로 개발작업을 진행했다.(후알롱원 원자로는 2021년 성공적인 시운전에 들어갔다 – 편집자 주) 자체 개발한 모형을 확대 적용하는데 문제가 생길 경우에는 한국형표준모델 KSNP 도입을 고려한다는 입장이다. 그럴 경우에는 (지난 문재인 정부 때의 이야기이지만 – 편집자 주) 한국이 탈원전 정책을 추진해 원자력발전소 건설이 중단되면서 일자리를 잃게 되는 엔지니어들을 유치해 활용할 수 있을 것이다. 한국 엔지니어들은 아랍에미리트UAE에 한국형 원전 4기를 건설한 경험을 갖고 있다. 그렇게 하면 중국도 기술이전에 깔끔하게 비용을 지불하면, 새로운 모델이나 변형 모델을 개발해서 적용하느라 몇 년을 허비하지 않고, 스웨덴처럼 화석연료에서 원자력 발전으로 매우 신속한 전환을 이룰 수 있다.

소수의 검증된 표준형 원전을 중국 전역에 대규모로 반복 설치함으로써 중국은 석탄에서 벗어나 기후위기를 해결하는데 있어서 다른 어떤 나라보다도 더 많은 효과를 거둘 수 있을 것이다. 도시에 숨 쉴 만한 공기를 되찾아 준다면 중국공산당 지도부와 시진핑 주석의 인기도 높아질 것이다.

이와 같은 방식으로 원자로를 설치해 나가면서 어느 단계에 이르면, 전 세계 가난한 나라들에게 원자력발전소를 수출할 수 있게 될 것이다. 중국은 '신新실크로드 구상'으로 불리는 일대일로一帶一路 외교정책의 일환으로 최근 들어 전문성을 앞세워 아시아, 아프리카 전역에 항구, 철도, 도로 등의 인프라를 대규모로 건설해 주고 있다. 중국은 자국이 건설한 프로젝트의 운영도 자기들이 직접 맡는 경우가 많다. 예를 들어, 에티오피아의 철도역을 청소하는 사람은 중국 국민일 가능성이 높다. 교통 인프라에서 그렇게 한다면 에너지 인프라에서도 똑같이 할 수 있다. 중국은 다른 인프라를 건설해준 개발도상국들을 상대로 이미 원자력발전소를 수출하기 시작했다. 중국은 안전하고 값싼 전기를 생산하는 원자력발전소를 대량으로 건설할 수 있게 되면, 에너지에 굶주린 나라들에게 대거 판매하려고 할 것이다. 물론 그게 성공할 것이라는 보장은 없다.[11] 만약 일본, 한국, 북미 및 유럽이 이런 게임에서 발을 빼고, 이런 추세가 계속 이어진다면 중국이 나머지 판을 싹쓸이하게 될지도 모른다.

러시아

러시아는 상황이 좀 더 복잡하다. 이론적으로는 국내에서 (발전량의 약 20%를 차지하는)석탄을 메탄가스와 원자력 발전으로 대체해 어느 정도 좋은 효과를 낼 수 있다. 그러나 러시아는 메탄가스를 수출하면 더 많은 수입을 올릴 수 있기 때문에 실제로 석탄을 대체할 수 있는 것은 원자력뿐이다. 러시아는 이미 35기의 원자로를 가동해 전체 전기 생산량의 거의 20%를 차지하고 있으며 이는 미국과 비슷한 수준이다.[12] 그러나 미국과 달리 러시아는 폐쇄하는 노후 원전을 새 원전으로 대체하는 식으로 매년 원전을 새로 짓고 있고, 원자력 발전의 비중을 2050년까지 50%로, 2100년까지 75%로 늘린다는 계획이다.[13]

러시아는 현재 세계 원전 수출의 약 60%를 차지하며 선두를 유지하는 독특한 저력을 발휘하고 있다.[14] 러시아는 설계, 건설, 운영을 일괄 수주하는 턴키방식의 원전 수출에 특화되어 있으며, 전기요금은 kWh당 5~6센트로 경쟁력을 갖추고 있다. 현재 13개국에서 약 3,000억 달러 규모로 모두 34기의 원자로를 수주해 놓고 있다.[15] 2017년 러시아 정부는 국유 원자력 기업인 로사톰Rosatom에 대한 재정지원을 줄이기로 해 이 회사의 미래에 수출이 더 중요한 몫을 차지하게 만들었다. 러시아가 제작해 수출한 원자로는 중국, 인도, 이란에서 이미 완공되어 가동 중이고, 방글라데시, 베트남, 터키, 핀란드와 계약이 체결되었고, 벨라루스, 방글라데시, 터키, 헝가리, 이집트에서도 주문이 들어왔다.[16] 아시아, 아프리카, 라틴아메리카의 여러 국가들과도 세부적인 사항까지는 아니더라도 넓은 틀에서의 수출 합의가 이뤄져 있다. 신규 석탄발전소 건설을 고려하는 많은 에너지 빈곤국들이 러시아가 건설하고 운영까지 맡는 원자력발전소 도입을 고려하고 있는 것이다.

러시아는 자체 4세대 기술인 일명 '획기적인 계획'прорывной проект 프로그램으로 사용후핵연료를 재활용하는closed fuel cycles 고속 원자로를 개발하고 있다.(고속로는 일반적인 '열중성자로'처럼 속도가 늦춰지지 않는 중성자를 사용하며, 우라늄을 연소시켜서 플루토늄을 자체 연료로 만드는 '증식로'breeder를 포함한다.) '획기적인 계획' 모델은 핵폐기물로 운전할 수 있으며, 이는 제

러시아의 원자력발전소 수출 프로젝트, 2016년.

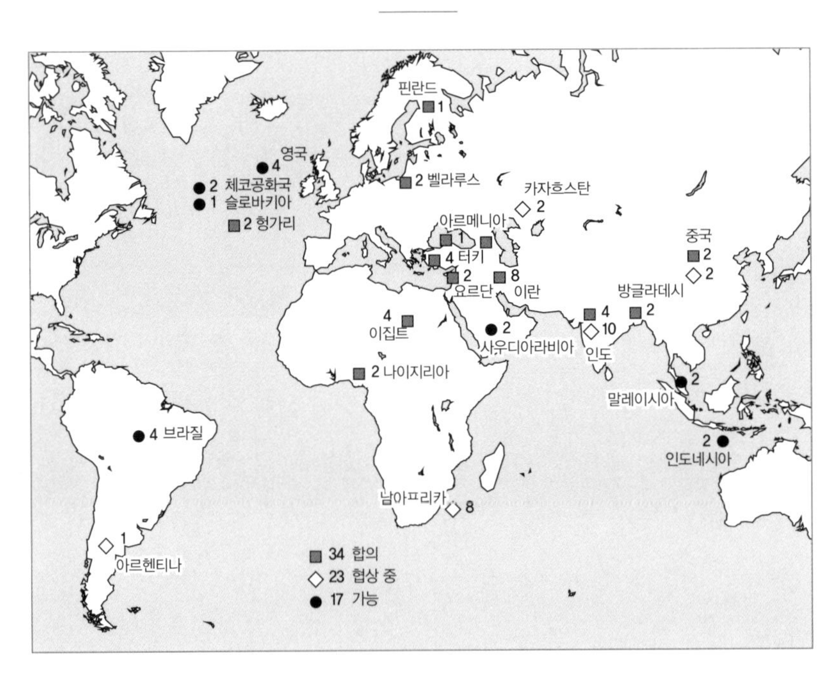

출처: Rosatom, Performance of State Atomic Energy Corporation Rosatom in 2016: Public Annual Report, 2017 (Moscow: Rosatom, 2017), 80.

12장에서 소개한 빌 게이츠가 후원한 테라파워 모형과 다소 유사한 특성을 가지고 있다. 러시아는 미래 에너지의 중심을 원자력에 확고하게 두고 있고, 향후 몇 십 년 동안 풍력이나 태양 에너지를 주요 에너지원으로 강력하게 지원하지 않고 있다. '획기적인 계획' 프로그램을 통해 러시아는 2050년까지 전력의 거의 50%를 원자력으로 생산한다는 계획을 갖고 있다.

기존의 원자력발전소에서 이미 연료와 폐기물의 양을 줄였지만, 이러한 신개념 원자로는 연료를 재활용하기 때문에 연료와 폐기물의 양을 이전보다 훨씬 줄였다. 스웨덴의 링할스원전 크기의 발전소에서 연간 3톤의 연료를 사용하고 3톤의 폐기물을 생산하게 된다.[17] 이는 하루 약 5만 톤의 연료를 쓰고 5만 톤의 폐기물을 생산하는 옌슈발데Jänschwalde 석탄발전소와 비교된다. 다른 관점에서 보면, 평균적인 미국인은 일생 동안 약 1기가와트시의 전기를 사용한다. '획기적인 계획'(4세대 원전을 포함해) 모델을 사용하면 개인 한 명이 평생 쓸 전기를 생산하는데 4분의 1파운드의 연료만 필요하고, 같은 양의 폐기물을 만들어내게 된다. 평균적인 미국인이 평생 쓰는 전기를 만드는데 필요한 연료의 무게가 햄버거 한 개에 들어가는 소고기의 무게와 같다.

'획기적인 계획' 프로그램은 강력한 정부 지원을 받으며 9개 연구소에서 공동연구가 진행되고 있다. 다른 4세대 원자로 프로젝트와 함께, 이 연구의 목표는 폐기물이 거의 나오지 않는 사용후핵연료를 재활용하는 closed fuel cycles 고속원자로를 저비용으로, 그리고 핵확산 위험 없이 만드는 것이다. 러시아는 이 프로그램으로 새 모델을 개발해 이번 세기 말까지 원자력 발전량을 10배로 늘린다는 계획이다.

러시아는 다른 나라들보다 앞서 이 모델 개발을 시작했다. 1981년부터 사실상 4세대 원전에 해당하는 시설을 가동해 경쟁력 있는 비용으로 러시아 전력망에서 전기를 생산하고 있다. 러시아 중부에 위치한 BN-600원자로는 이러한 기술이 이론뿐만 아니라 실제로 상업용으로 운용할 수 있음을 보여주는 산 증거이다. 그보다 규모가 더 큰 자매격인 BN-800원자로도 최근 상업화에 성공해 러시아 전력망에 전기를 공

BN-600과 BN-800 등 차세대 원자로로 건설된 러시아의 벨로야르스크 원자력발전소.

사진: Rosenergoatom.ru.

급하고 있다. 이 원자로들은 이후 20년간 여러 지역에서 더 큰 규모의 BN-1200로 건설된다. 로사톰Rosatom의 최고경영자는 2017년 '획기적인 계획' 기술의 발전 현황에 대해 이렇게 말했다. "오늘날 우리는 이 분야에서 선두를 달리고 있다. 이 선두자리를 단단하게 지켜 다른 경쟁자들이 기술경쟁에서 우리와의 격차를 따라잡겠다는 희망을 꺾어놓을 필요가 있다."(미국 정부는 이런 말을 듣고 정신 차려야 한다.)

러시아의 첫 번째 소형 부유식floating 원자력발전소는 2019년 시베리아 북동부의 오지에서 전력 생산을 시작할 예정이었다.(예정대로 가동을 시작했다 - 편집자 주) 이 부유식 원전과 중국에 건설하는 1기는 오지에 난방과 전기를 공급하는 임무를 수행한다. 하지만 부유식 원전이 갖는 더 중요한 의미는 숫자에 구애되지 않고 전 세계 어느 곳이든 원전을 수출할 수 있게 된다는 것이다. 그리고 전 세계적으로 대도시는 대부분 해안에 위치해 있다. 부유식 원전은 도시 가까운 해상에 자리 잡고 이산화탄소를 배출하지 않고 경쟁력 있는 요금으로 전기를 공급하게 되는 것이다. 그리고 대도시 부근에는 토지가격이 비싸고, 주민들이 '우리 집 뒷마당에는 안 된다'는 정서가 강하다. 부유식 원전은 이러한 부지 문제를 해소할 수 있다. 또한 발전소를 폐쇄시켜야 할 때가 되면 그것을 건설한 나라로 견인해 가면 된다. 미국의 4세대 원전 기업 토르콘ThorCon과 MIT의 연구진도 비슷한 아이디어를 갖고 있는데, 러시아는 이와 유사한 재래식 경수로를 이미 원자력 추진 쇄빙선 선단에 사용하고 있기 때문에 이 아이디어를 실용화하는 단계에 한발 더 다가서 있다.

최근 여러 해 동안 러시아는 자국의 에너지 미래를 어떤 방향으로 나아갈지에 대해 결정을 내리지 못하는 것처럼 보였다. 러시아는 전기를 생산할 수 있는 저렴한 메탄가스를 대량 보유하고 있다.(러시아는 현재 전력의 20% 내외를 공급하는 수력 발전도 확대하고 있다.) 하지만 메탄가스는 국내에서 전기를 생산하는 것보다 유럽으로 수출하는 게 더 많은 수익을 낼 수 있다. 러시아는 원자력 발전 능력을 크게 증가시킬 경우 훨씬 더 많은 메탄가스를 독일에 수출하고, 독일은 이 메탄가스를 석탄 대체용으로 쓸 수 있게 된다. 이렇게 하면 독일이 탈원전 정책으로 기후에 미치는 부정적인 영향을 완화시킬 수 있다. 하지만 이러한 가스 수출은 우크라이나와의 전쟁으로 인해 러시아가 받고 있는 각종 제재조치와 지정학적인 안보 우려로 발목이 잡혀 있다.(두 나라는 러시아가 크림반도를 무력으로 합병한 2014년부터 전쟁을 계속하고 있으며, 2022년에는 러시아 병력이 우크라이나 영토를 대규모로 침공해 들어갔다. – 편집자 주)

러시아가 만약 다른 나라들보다 앞서 4세대 '획기적인 계획' 기술의 상업화와 대량생산에 성공할 경우, 러시아는 청정에너지의 해외 수출을 대폭, 그리고 신속히 늘릴 수 있을 것이다. 이는 러시아의 기후문제에 대한 역할을 문제의 일부(대규모 화석연료 생산 및 수출국)에서 해결책의 일부로 변화시킬 것이다. 그렇게 되면 러시아는 기후변화 문제를 일으키는 나라(화석연료를 대량생산하고 수출하는 나라)에서 부분적으로나마 기후문제 해결에 기여하는 나라로 역할이 바뀔 수 있을 것이다.

인도

인도는 다가오는 몇 십 년 동안 전력수요가 빠르게, 대폭 증가할 것으로 예상되고 있다. 당연히 그럴 것이다. 지금은 전력수요 증가를 주로 석탄으로 해결하며, 인도는 중국에 이어 세계 2위의 석탄 소비국이다. 물론 석탄 소비 규모가 중국보다는 훨씬 작다. 인도는 석탄화력발전을 폐기하는 대신, 용량을 계속해서 조금씩 늘리고 있다.[18] 인도는 대규모 태양광 발전을 야심차게 추진하고 있다. 이는 칭찬할 만한 일이기는 하나, 그 효과는 기껏해야 석탄화력발전의 증가를 늦추는 정도에 불과하다.[19] 인도가 석탄 발전을 점진적으로 폐기하고, 이산화탄소를 대량으로 배출하지 않으면서 커지는 전력수요를 충족하기 위해서는 다른 무언가가 필요하다. 그 다른 무엇이 원자력 말고 무엇이 있을지는 생각하기 어렵다.

원자력에 관한 한 인도는 특이한 경우에 속한다. 1970년 핵확산방지조약NPT에 가입하지 않고 1974년과 1998년에 핵실험을 실시해 핵무기 보유국이 됐다. 인도는 약 125개의 핵탄두를 보유하고 있는 것으로 추정되고 있다.[20]

NPT 비가입국인 인도는 민간 원자력 발전 산업을 발전시키던 시기의 대부분 동안 국제적 제재조치를 받았다. 2008년 국제사회가 인도의 핵무기 지위를 받아들인 다음부터 IAEA 감시를 받는다는 특별 단서를 달아 핵연료 및 원전기술 교류를 위한 협정을 체결하기 시작했다. 인도가 핵무기 생산에 사용하는 플루토늄은 민간 전기를 생산하지 않는 원자로에서 나온 것으로 IAEA의 사찰 대상이 아니다.

1950년대부터 인도는 3단계 원자력 발전 계획을 추진해왔다. 1단계는 가압중수로PHWRs 방식으로 발전, 2단계는 우라늄과 플루토늄을 함께 연료로 사용하는 고속증식로FBRs를 사용하고, 마지막 3단계는 고속증식로를 통해 만들어지는 핵분열물질을 원료로 사용하는 토륨 기반 원자로를 대량으로 갖추는 것이다. 인도가 장기적으로 토륨 연료 원자로 개발을 목표로 삼은 것은 이 나라가 우라늄은 적지만 토륨은 풍부하게 보유하고 있기 때문이다. 토륨은 원자로에서 핵분열 물질인 우라늄으로 변환할 수 있다.

원자력 발전 확장 프로그램의 1단계에서 이례적으로 가압중수로PHWRs 방식을 택한 것은 농축 우라늄에 대한 국제적 제약 때문이다.[21] 확장 프로그램의 1, 2단계는 기술적으로 가동 중이지만 그 규모는 놀라울 정도로 매우 작다. 2018년에 인도는 500MW급 '고속증식원형로'PFBR를 운영하기 시작했다. 원전 확장 프로그램의 2단계에 개발하는 민간용 4세대 고속로 기술의 원형 모델이다. 인도가 탈탄소화를 실천하기 위해서는 PFBR에 대한 집중적인 투자에 이어 민간용 고속로 개발이 곧바로 뒤따라야만 한다.

인도의 원자력 발전 추진 경로는 자기충족적인 측면이 있기는 하지만, 다른 나라와 박자가 잘 들어맞지는 않는다. 인도는 신규 원자력발전소를 건설할 계획이지만 그 수는 많지 않으며, 원전 수입 계획도 갖고 있지만 그 수가 많지 않다. 이는 인도 경제가 앞으로 수십 년은 화석 연료 진영에 확고하게 자리를 잡고 있을 것이라는 말이다. 이 수십 년은 거대한 인도 인구의 전력수요가 급성장할 것으로 예상되는 기간이다.

인도가 탄소 배출을 줄이기 위해 할 수 있는 바람직한 방법은 원자로 기술(PHWRs 및 국제시장에서 구입할 수 있다면 경수로원자로)의 구축 속도를 가속화하는 것이다. 2018년에 인도는 총 10GW에 달하는 EPR 원자로 6기 건설 협정을 체결해 이 방향으로 큰 진전을 이루었다.[22] 인도는 또한 자체 개발한 선진 원자로 연구 프로그램의 상업화를 추진해 나갈 수 있다. 기본적으로 인도는 이미 책정해놓은 3단계 원자력개발계획을 계속 추진해 나가되, 규모를 대폭 늘리고, 추진 속도를 더 빠르게 하려고 할 것이다. 또한 전력망 현대화를 위해서도 많은 노력이 필요하다. 긍정적으로 보자면 인도는 엄청난 기술 자산, 특히 (교육받은)인적 자본이 풍부하고, 원자력 분야에서 많은 경험을 보유하고 있다. 인도는 자신이 가진 고유한 능력을 발휘해 기후 친화적인 개발 경로를 만들어 나갈 것이다.

제14장

탄소가격제

스웨덴은 탄소 배출을 줄이기 위해 원자로 건설뿐만 아니라 에너지 경제 전반을 바꾸었다. 그리고 일인당 원자력 사용량이 전 세계에서 가장 높은데다 탄소오염에 대해 세계에서 가장 높은 가격을 부여하고 있다. 이 탄소가격은 때로 '탄소세'carbon tax 또는 '탄소부담금'carbon fee으로 불린다.

대기에 이산화탄소를 배출하면 기후변화를 가속화해서 사회에 비용을 발생시킨다. 화석연료 연소로 인한 대기오염도 미세입자로 인해 암을 비롯한 여러 심각한 질병을 야기하는 비용이 발생한다. 이러한 비용은 이론적으로 계산이 가능하다. 예를 들어, 최근 한 연구는 미국에서 화석연료 연소가 건강에 미치는 영향(기후영향을 포함하지 않더라도)을 연간 약 9,000억 달러로 추정했다. 이 비용을 전기요금에 포함시키면 최소한 킬로와트시당 요금이 두 배로 오르게 된다.[1] 지금까지 (스웨덴을 제외한)대부분의 나라에서는 이산화탄소를 비롯한 기타 배출물로 대기를 오염시켜도 내다버리는 것은 무료이고, 내다버리는 사람에게도 아무런 책임을 묻지 않았다. 대신 그 결과는 사회 구성원 모두에게 돌아가고, 기후변화의 경우에는 세계 전체와 미래 세대가 그 짐을 함께 져야 했다.

우리는 다른 유형의 오염행위는 이렇게 다루지 않는다. 예를 들어, 사람들이 화장실을 사용할 때는 오수가 길거리를 따라 흘러내려가 인근 수로로 흘러들게 내버려두지 않는다. 미래에 그로 인해 다른 사람이 질병에 걸릴 비용까지 생각한다. 그래서 오수 배관 및 오수 처리시설을 설치하고, 가구당 사용하는 물의 양을 기준으로 하수세를 부과한다. 마찬가지로 매립지에 쓰레기를 버리거나 자동차에서 배출하는 매연에도(유류세를 부과하고 배출검사를 의무화해서) 부담금을 부과한다.

이는 개인의 행동이 전체 집단에게 비용을 발생시키는 경우의 문제 해결 방식을 보여주는 사례이다. 어류 남획, 탈세, 국제합의 위반 등도 이와 같은 사례이다. 이런 사회적 비용에 대한 해결책은 사람들로 하여금 자신이 저지른 행동으로 초래된 비용을 사회에 떠넘기지 말고 직접 지불하도록 하는 일종의 관리체계를 만드는 것이다. 해양법(남획), 국세청(탈세), 그리고 나토NATO식 방위비 부담(국제합의 이행) 등이 모두 이런 취지로 만들어졌다.

그러나 대기 중에 이산화탄소를 방출하는 행위에 대해서는 이러한 관리체제가 만들어져 있지 않다. 개인이 무료로 오염물질을 방출할 뿐만 아니라, 국가도 엄청난 양의 오염물질을 내다버리면서 그 비용은 다른 국가와 미래 세대가 부담하도록 만들어놓은 것이다.

탄소가격제가 하수세처럼 이 문제를 해결할 수 있다. 탄소오염이 제3자에 끼치는 부정적 '외부효과'externality에 대해 대가를 지불하게 함으로써 오염을 줄이는 동기를 제공하는 것이다. 예를 들어, 경제학자 그레고리 맨큐Gregory Mankiw 교수는 연비가 더 좋은 자동차를 타고, 난방기의 온도를 낮추고, 현지에서 생산한 식품을 구입하는 등의 방법으로 탄소오염을 줄일 수 있다고 했다. 사람들이 이런 식으로 하도록 유도하는 한 가지 방법은 도덕적으로 설득하는 것이다. 예를 들어, 1979년 에너지 위기 때 지미 카터 미국 대통령이 백악관 집무실의 실내온도를 낮춰놓고 스웨터를 껴입고 일한 것과 같은 방식이다. 하지만 맨큐 교수는 이러한 접근법을 '비현실적'이라고 보았고, 실제로 그런 방법은 1979년 이후 몇 년 동안 이어진 위기의 해결책이 되지 못했다. 두 번째 접근법은 정부의 규제이다. 자동차 제조업체에 법정 연비기준을 정해주고 이를 지키도록 하는 등의 행정 규제를 말한다. 그러나 규제는 복잡하고 적용범위도 제한적이다.(예를 들어 자동차의 연비기준을 정할 수는 있지만, 운전자들에게 운전 거리는 얼마로 하고, 주행속도는 얼마로 하라는 것까지 정해놓을 수는 없다) 때로 이런 행정 규제가 역효과를 낳을 수도 있다. 자동차의 연비기준을 정하자 자동차 업계가 주력 차종을 (이 기준의 적용을 받지 않는)SUV와 경차로 바꾼 것이 한 예이다. 세 번째 접근법은 이산화탄소 배출 차량에 부담금을 부과하는 것으로, 이 방법은 정부가 사람들의 세세한 행동과 결정을 일일이 규제하지 않고도 경제 전반에 인센티브 효과를 냈다.[2] 맥큐 교수는 탄소부담금 때문에 사람들이 에너지를 효율적으로 사용해 돈을 절약할 수 있게 되었고, 원전을 비롯해 오염물질을 배출하지 않는 대규모 발전원이 화석연료와 비교해 경쟁력 우위를 갖게 되었다고 했다.(화석연료 전기를 쓰면 인센티브 없이 요금을 모두 내야 한다.)

경제학자들은 이 접근방식을 선호하는 편이다. 효율적인 방식이고, 시장원리가 일을 대신해 주기 때문이다. 정부(혹은 의무적인 행동지침을 통

탄소가격제의 원리

$$$
$
$
가동 중인
생산시설
정부가 오염유발자에게
탄소세 부담하도록 만듬
탄소집약 연료와 제품의 가격 상승. 거둬들인 세수는 왜곡된
세금을 줄여 가계에 혜택을 주고 생산적인 용도로 씀.
GREEN ALTERNATIVE
CO2
재생에너지와 저탄소 제품이 경쟁력을 가짐. 저탄소 혁신이
힘을 얻고 탄소배출이 감소된다.

그래픽: Courtesy of World Re, 출처: Institute, www.wri.org/carbonpricing.

해)가 나서서 에너지를 얼마나 사용하고, 어떻게 사용할지를 지시하는 대신 탄소가격은 각자 하고 싶은 대로 하도록 하지만, 이산화탄소를 대기 중으로 배출하는 행위에 대해서는 부담금을 부과하는 식으로 인센티브를 제공한다. 경제학자들이 조사한 결과 응답자의 90%가 탄소 배출을 줄이는 방법으로 직접 규제보다 탄소세를 더 선호하는 것으로 나타났다.[3]

적정한 탄소가격의 수준을 정하기는 어렵다. 한 가지 접근방식은 오늘 대기에 방출된 탄소 1톤의 미래 비용을 계산해 보는 것이다. 우리는 이 미래 비용이 제로가 아닌 것은 알지만, 기후변화가 어떤 영향을 받고, 경제적, 사회적 효과가 어떻게 나타날지 정확하게 안다고 자신 있게 말할 수는 없다. 2013년 오바마 행정부는 홍수 발생 가능성 증가, 농업 생산성 감소 등을 토대로 '탄소의 사회적 비용'을 추정했다. 이 탄소가격은 미래 비용을 얼마나 '할인할지'discounted를 가장 우선적으로 감안해 1톤당 11달러부터 123달러 범위 안에서 정해졌다.

미래 비용을 할인하는 문제는 논란의 여지가 있다. 미래의 1달러는 지금의 1달러보다 가치가 떨어진다. 지금 투자하는 1달러는 내년에 투자하는 1달러보다 생산성이 더 높을 수 있다. 할인율은 일반적으로 4%에서 10% 내외로 정해지며, 경제학자들이 미래를 전망하며 결과를 연간으로 평가절하 하는 비율이다. 비판가들은 할인율이 실제로 미래가치를 떨어트린다고 주장한다. 할인율이 10%일 때, 동일한 사안을 두고 40년 후의 미래는 지금보다 그 가치를 2% 낮게 평가하는데, 이는 우리가 자손들에 대해 무관심하다는 의미라는 것이다. 하지만 우리 자손들의 미래 복지(탄소 배출을 줄여서)를 위해 지금 얼마나 많은 돈을 써야 할지, 아니면 우리가 효과적으로 돈을 투자해 얻은 결과물로 돈다발을 물려주어 그들 스스로 문제를 해결할 수 있도록(그 돈으로 방파제를 쌓는 식으로) 해주는 게 더 합당한지를 놓고 건전한 논란이 진행되고 있다.[4]

그러나 이러한 사고방식은 소규모 기후변화에나 어울리는 것으로, 우리 자손들이 무슨 수를 써도 대처할 수 없을 정도의 급격한 기후변화를 뜻하는 재앙적인 티핑 포인트를 맞아서는 적용하기가 어렵다. 탄소 배출의 급격한 증가는 기후변화 충격의 가속화로 이어지고, 결국은 지구를 아무리 많은 돈을 투자해도 살 수 없는 곳으로 만들고 만다. 현명하고 경제적인 접근방식은 탄소 배출을 중단하기 위해 지금 당장 조치를 취하자는 것이다. 우리 후손들에게 아무리 많은 돈다발을 물려주더라도 망가진 글로벌 생태계를 함께 물려준다면 아무런 의미가 없다.

2018년 노벨경제학상 수상자인 윌리엄 노드하우스William Nordhaus는 탄소오염에 대해 얼마나 많은 가격을 부과해야 하는지에 대해 연구했다. 너무 높은 가격을 부과하면 미래 세대가 자신들만의 방식으로 기후영향과 싸울 수 있는 돈을 덜 남기게 되고, 너무 낮은 가격을 부과하면 그들이 많은 돈을 들여 기후영향과 싸워야 하도록 만들 것이다. 노드하우스가 추정한 가격을 알기 쉽게 요약하면, 전 세계적으로 이산화탄소 1톤당 11달러를 부과하면 이번 세기 말까지 3.5℃ 전후의 글로벌 온난화 효과가 일어나게 된다. 가격이 1톤당 50달러에 가까워지고, 전 세계인이 이 가격에 참여하는 경우 2℃ 상승 목표를 달성할 가능성이 높다.[5] 노드하우스는 2020년 1톤당 25달러에서 시작해 2050년에 1톤당 160달러까지 올리면 이번 세기 말까지 2.5℃의 기온 상승이 가능해질 것이라고 제안한다.[6] 탄소가격제 시행으로 탄소 배출이 실제로 얼마나 줄어들지 아무도 모르기 때문에 우리는 좀 더 강력한 접근방식을 쓰는 게 더 현명하고 안전하다고 생각한다. 2.5℃ 기온 상승 목표가 달성되더라도 그 궁극적인 효과가 어떻게 나타날지 알 수 없기 때문이다.

많은 기업들이 장기 투자를 고려하면서 내부 기획 단계에 탄소가격을 반영하기 시작했다. 2012년 미국 전력공급 기업 21개사 가운데 16개사가 미래의 탄소가격을 고려하고 있는 것으로 조사됐는데, 2020년 기준으로 평균 1톤당 거의 25달러를 책정하고 있었다.[7] 기업별 탄소가격대를 마이크로소프트(Microsoft, 1톤당 6~7달러), 디즈니(Disney, 1톤당 10~20달러), 구글(Google, 1톤당 14달러), 엑손모빌(Exxon Mobil, 1톤당 60~80달러) 등으로 소개한 보고서도 있다.[8]

지금까지 개별 기업, 국가, 유럽연합의 노력은 산발적으로 진행되어 왔다.[9] 세계경제에서 어떤 형태로든 탄소가격제를 도입한 비율은 12%에 그쳤다. 국가 차원의 탄소가격제를 시행하지 않은 미국에서는 여러 주가 주정부 차원에서 탄소가격 도입을 검토하고 있다.[10] 주정부 차원의 도입도 가능하지만, 미국 경제가 주 경계를 넘어 통합되어 있기 때문에 실시에 어려움을 겪을 수 있다. 전 세계적으로 탄소가격제가 시행되는 게 제일 바람직하지만, 가격을 정하고 운영할 실질적인 메커니즘이 지금은 갖춰져 있지 않다. 일부 국가나 지역만 탄소오염에 비용을 부과하는 경우, 오염 산업이 공짜로 경쟁할 수 있는 국가나 지역을 찾아 옮겨 다닐 수 있다. 그러면 탄소가격제를 도입한 곳에서는 그렇지 않은 곳과의 사이에서 발생하는 차액을 보충하는 관세를 부과해야 하겠지만(국경조정제도, border adjustment) 실제로 실행하기에는 어려움이 있다.

스웨덴은 1991년부터 탄소세금제를 시행하고 있는데, 지금은 세계 최고 액수로 1톤당 150달러 넘게 부과한다.(1980년대 원자력 발전 확대로 탄소 배출이 대폭 감소한 뒤인)이 기간 동안 스웨덴의 탄소 배출은 25% 줄었다. 탄소세는 경제 전반에 큰 변화를 가져왔으며, 특히 도시의 구역 난방에 화석연료 대신 바이오매스(숲에서 나오는 유기물)를 사용하도록 바꾸는데 영향을 미쳤다.(구역 난방을 하지 않는 주택에서 청정전기를 쓰는 난방 펌프를 쓰도록 바꾸는데도 영향을 미쳤다.) 탄소세는 또한 스웨덴 기업들로 하여금 탄소 절감 혁신기술을 개발해 세계시장에 진출함으로써 스웨덴 경제 활성화에 일조하도록 만들었다.[11]

스웨덴의 탄소세는 시행된 이후 대부분의 기간 동안 가계와 서비스업에 전면 시행되었고, 유럽연합 탄소배출권거래제ETS의 적용을 받거나 탄소가격제를 시행하지 않는 국가로 생산 거점을 옮겨갈 우려가 있는 업종에 대해서는 훨씬 낮은 세율(3분의 1, 혹은 경우에 따라 제로 수준으로)을 적용했다.

독일은 탄소가격제를 시행하지 않고 있다. 독일의 석탄화력전기는 유럽연합 탄소배출권거래제ETS에서 부과하는 추가요금만 약간 얹어 북유럽 전력망에 공급되며, 그곳에서 스웨덴의 클린 전력과 경쟁한다. 독일이 원자력발전소를 폐쇄함에 따라 부족한 국내 공급분을 채우기 위해 이렇게 많은 석탄을 태운다고 생각할 수 있겠으나, 사실상 독일은 최신 자료인 2015년 기준으로 48TWh의 전기를 수출했다.[12] 이는 옌슈발데Jänschwalde 같은 대형 석탄발전소 2개로 만들어내는 전력량과 동일하다. 탄소세를 면제 받고 석탄화력발전소에서 만든 독일산 전기와 경쟁하느라 스웨덴 원자력발전소들의 수익성이 크게 악화됐다.

탄소세나 탄소수수료를 징수하는 것은 크게 어렵지 않다. 화석연료가 경제권에 진입하는 첫 순간에 세금을 부과할 수 있기 때문이다. 화석연료가 채굴되는 생산지, 수입되는 항구에서 징수할 수 있다. 자동차 테일파이프tail-pipe에서 나오는 이산화탄소에 대한 세금을 운전자에게 부과하는 대신, 정부가 아예 정제과정을 거치기 전 원유 단계에서 탄소세를 부과할 수도 있다.

탄소세를 지지하는 사람들 가운데는 탄소세로 거둬들이는 세수를 다른 세금을 낮추는데 쓰거나 환급수표인 리베이트 체크를 만들어 시민들에게 보상해 주자는 의견을 내기도 한다. 그렇게 해서 탄소세에 대한 사람들의 지지를 끌어올리자는 발상이다. 이처럼 세수의 총액이 변하지 않는 세수 중립revenue-neutral 개념은 진보 진영이 탄소세로 세수를 늘려 정부의 역할을 확대할 것이라고 보는 보수 진영의 우려를 잠재우는데 도움이 된다. 미국의 환경운동 시민단체 '기후변화시민로비단'Citizens Climate Lobby은 '탄소부담금과 시민배당법'Carbon Fee and Dividend이라는 법안을 제안하고 있다. 먼저 1톤당 15달러의 가격을 설정해놓고, 매년 1톤당 10달러씩 부담금 금액을 늘려나간다. 부담금으로 거둬들이는 수입은 모두 시민들에게 정기적으로 배당금 수표로 돌려준다. 4인 가족이 20년에 걸쳐 매달 받을 경우 배당금은 월 50달러에서 월 400달러로 대폭 늘어난다.

캐나다의 브리티시컬럼비아주는 세수 중립적인 탄소부담금제를 성공적으로 시행해왔다.[13] 탄소부담금은 2008년에 1톤당 약 9달러에서 시작해 2012년에는 약 27달러까지 올라갔다.[14] 탄소부담금으로 거둬들인 세수만큼 다른 세금을 감면했기 때문에 주정부의 세수에는 변동이 없었다. 법인세는 12%에서 10%로 낮아졌다. 탄소 배출량은 어느 정도 감소했고, 대부분의 기업이 이 세금제도를 지지하면서 주의 경제 상황도 양호해졌다. 지금은 캐나다 전국에서 탄소가격제를 도입하고 있으며, 계획에 따르면 2018년에 1톤당 9달러에서 시작해 2022년까지 1톤당 약 45달러까지 올리기로 했다.

전반적으로 탄소가격제는 기후변화의 속도를 늦추는데 큰 잠재력을 갖고 있다. 빠르게 효과를 내고, 경제 전반에 걸쳐 행동을 변화시키는데 도움이 된다. 이만한 효과를 내려면 풍력발전소와 전기자동차 충전소마다 일일이 찾아서 손을 대야 하는데, 그렇게 하지 않고도 같은 효과를 낼 수 있게 되는 것이다.

1970년대의 오일쇼크는 이러한 경제적 파장을 잘 보여준 사례였다. 오일쇼크가 일어나자 사람들은 자동차 운전을 줄이고, 난방기의 온도를

사진: Ajith Rajeswari via Wikimedia Com- mons (CC Attribution 3.0).

캐나다의 브리티시컬럼비아주는 탄소세를 도입한 이후 밴쿠버를 비롯한 주 전체의 경제에 부정적인 영향을 초래하지 않았다.

낮추는 등 신속하게 에너지 절약 조치에 나섰다. 또한 연비가 높은 차량이 개발되고, 1976년에는 소형 형광등 개발(상업화는 한참 뒤에)이 이루어졌다. 그리고 오일쇼크로 스웨덴에서는 원자력발전소를 건설하기로 하는 등의 정책변화가 만들어졌다. 탄소오염에 많은 부담금이 부과되면 이와 유사한 긍정적인 효과로 이어질 것이다.

하지만 탄소가격제 시행은 정치적으로 어려움을 겪고 있고, 정책에 대한 일반대중의 이해도를 끌어올릴 필요가 있다. 그리고 그 효과 또한 확실하게 예측하기는 어렵다. 초기 충격이 지나고 나면 사람들은 오른 가격에 적응하기 때문에 탄소가격제도 시간이 지나면서 효과가 줄어들 수 있다. 브리티시컬럼비아주에서 그랬던 것처럼 부담금을 계속 올리지 않으면 효과를 보기 어렵다.

더구나 에너지 가격은 다른 경제 부문과 달리 특이하고 비효과적인 특성을 가지고 있다. 전구를 켜고, 난방기의 온도를 설정하고, 자동차를 운전하면서 사람들은 에너지를 사용하는 시점보다 훨씬 후에야 사용한 전기요금을 지불한다. 이는 일반적으로 에너지 절약을 방해하며, 특히 탄소가격제의 효력을 약화시킨다. 만약 고속도로에서 속도를 줄이고, 에어컨의 세기를 약하게 하는 게 요금결제에 실시간으로 영향을 미친다면 사람들의 행동을 변화시킬 가능성이 더 높아질 것이다. 정보혁명이 계속되면서 이러한 종류의 실시간 모니터링 방식이 더 일반화 될 것이다. 에너지 사용량과 요금을 실시간으로 보여주는 스마트폰 앱이 나와 있는 곳도 있다.

아마도 탄소가격제의 가장 큰 효과는 개인의 에너지 절약(냉난방온도 조절 같은)보다 큰 규모에서의 연료 선택에 영향을 미치는데 있을 것이다. 석탄화력발전소가 석탄에서 배출되는 탄소오염에 대해 부담금을 내고, 원자력발전소가 다른 저탄소 에너지원과 동일한 혜택을 받는다면, 경제 전반에서 화석연료에서 청정에너지원으로의 전환이 보다 효과적으로 이루어질 수 있다.

탄소가격제 부담금의 적절한 수준을 정하는 것은 쉬운 일이 아니지만 적어도 제로는 아닐 것이 분명하다. 중요한 것은 이산화탄소를 대기 중으로 배출하는 장소와 행위에 대해 부담금을 부과한다는 사실이다.

스웨덴은 몇 년 동안 부담금 수준을 손질해 왔지만, 전반적으로 탄소가격제는 효과를 내고 있다.

배출총량거래제

탄소가격제의 대안으로 탄소세와 비슷한 방법이 바로 '배출총량거래제'cap and trade이다. 정부가 배출 허용 총량을 설정하고(cap), 관련 기업들에게 허용 범위 안에서 탄소 배출을 허가해준다. 이 배출권은 무료로 제공되기도 하고, 때로는 정부가 직접 판매하기도 한다. 그러면 기업들끼리 배출권을 거래함으로써 이산화탄소 오염을 놓고 시장이 만들어지며 그를 통해 에너지효율화가 이루어지는 것이다.

이 배출총량거래제는 세계 곳곳에서 시행되고 있지만, 아직은 기대한 것만큼 효과가 없고, 거래가격의 변동성이 크다. 경기가 하락하면 배출권 수요가 갑자기 떨어지며 가격이 급락한다. 특히 정부가 처음에 배출권을 무료로 나눠주면 적정 가격을 유지하기가 어려워진다.

유럽연합은 탄소배출권거래제ETS를 운영하고 있다.[15] 이 시스템은 1만 1,000개의 중공업, 발전시설, 항공사 등에 배출허용량을 부여하는데, 유럽연합 전체 탄소 배출량의 거의 절반이 여기에 해당된다. 이 제도는 1990년도 이산화탄소 배출량을 기준으로 2020년까지 20%를 줄이고, 2030년까지는 40% 줄이는 것을 목표로 하고 있다. 2013년부터

2020년까지의 기간 동안 허용되는 배출 총량은 매년 2% 미만씩 감소한다. 항공 부문은 별도로 감소폭을 좀 더 완화해 놓았다. 그런 다음 기업들끼리 배출허용범위 안에서 필요한 만큼 배출권을 서로 사고판다. 감축 여력이 높은 사업장은 많이 감축해 에너지효율화를 더 높이고, 감축 여력이 낮은 사업장으로부터 배출권을 추가로 더 구입할 수도 있다. 물

2008년 이후 ETS(유럽연합 탄소배출권거래제)의 탄소 배출권 거래가격 변동 추이.

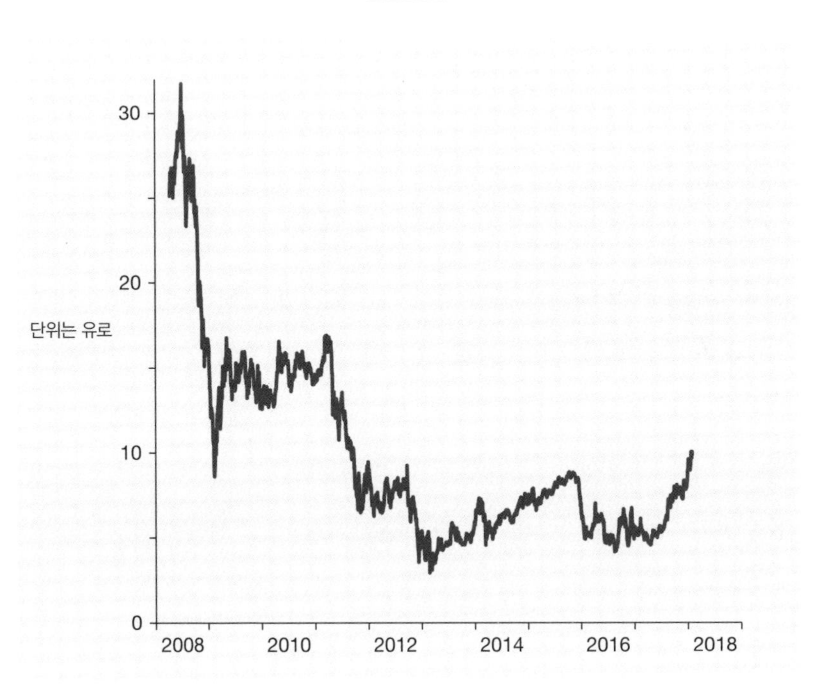

출처: European Environment Agency.

론 생산시설을 탄소가격제를 시행하지 않는 나라로 옮겨갈 수도 있는데, 유럽연합도 바로 이런 가능성을 우려한다.

탄소오염가격제 시행을 위한 유럽연합의 노력은 제도가 성숙해지면서 긍정적인 역할을 할 수 있을 것이다. 그러나 아직은 순조로운 출발을 보이지 못하고 있다. 먼저 2005년~2007년 사이에는 배출권이 너무 남발되어 가격이 제로로 떨어졌다. 2008년~2012년 사이는 대규모 경기침체로 산업활동이 위축되며 탄소 배출도 따라서 줄고, 배출권 가격은 또다시 급락했다. 탄소가격제 발전단계인 2013년~2020년에는 초기에 무료로 나눠주는 배출권의 수가 줄고, 기업끼리 거래하기 전 정부에서 경매로 판매하는 수가 조금 더 늘었다.[16] 하지만 2013년 이후 배출권 가격은 1톤당 7달러 미만인 낮은 상태로 유지되고 있다. 이는 '탄소의 사회적 비용'social cost of carbon 최저값의 약 절반에 해당되는 것으로, 글로벌 온난화 곡선에 큰 영향을 미치지 못할 정도로 낮은 수준이다. 유럽 국가들은 실제로 탄소 배출을 조금씩 줄이고 있지만, '배출총량거래제' 때문이라기보다는 대부분 기술 변화, 효율성 증가, 경기침체로 인한 것이다. 유럽연합은 탄소 배출이 줄어들면 배출 허용량도 신속히 줄이는 쪽으로 제도를 바꾸고 있으며, 스웨덴은 지금까지 효력을 발휘하지 못하고 있다고 생각하는 유럽연합의 탄소배출권거래제ETS 개선을 더 의욕적으로 추진하고 있다.[17]

캘리포니아는 2012년부터 배출총량거래제cap and trade를 운영하고 있다. 이 시스템은 주요 산업을 상대로 배출 허용량을 부과하는 유럽 제도와 비슷하다. 지금까지 배출 허가권 가격은 1톤당 14달러 정도에 그치고 있다.[18] 하지만 제도 시행을 2030년까지 연장했고, 앞으로 허용한도를 낮추면 좀 더 효력을 발휘하게 될 것이다. 캘리포니아주는 시행 중인 배출총량거래제 시스템을 태평양 북서부 지역, 특히 서부 캐나다 주들과 통합해서 규모가 더 크고, 더 효율적인 배출권 거래시장을 구축하려고 노력하고 있다.

미국 동북부에서 시행하는 배출총량거래제 '지역 온실가스 이니셔티브'RGGI는 전기 생산에만 적용되며, 이를 통해 탄소를 배출하지 않는 에너지원을 화석연료와 함께 전력망에 통합시키는데 도움을 주고 있다. 현재 탄소가격은 낮게 부과되고 있고, 앞으로는 캘리포니아주에서 시행하는 것처럼 전력 부문을 넘어 더 넓은 범위로 확대될 전망이다.

중국은 뒤늦게 의욕적인 탄소배출권거래제를 시작했지만 그 성과는 아직 알려지지 않고 있다.[19] 정부의 강력한 의지에도 불구하고, 중국의 탄소배출권거래제는 데이터의 신뢰성, 부패, 지방권력과 중앙권력의 권력 갈등 같은 문제 때문에 어려움을 겪을 전망이다. 하지만 성공적으로 시행되면 이 제도는 기후변화와의 싸움에서 긍정적인 힘을 발휘할 수 있을 것이다. 2017년 말에 공개된 탄소배출권거래제의 초기 내용을 보면 적용 대상은 (중국 내 탄소 배출의 약 절반을 차지하는)전기 부문에 국한하고, 탄소 배출 감소도 목표를 소극적으로 잡고 있다.[20] (중국은 2021년 7월 세계 최대 규모의 탄소배출권거래소를 출범시켰고, 2030년까지 2018년 대비 탄소 배출량을 40% 감축하겠다는 목표를 세시하고 법제화에 나섰다. – 편집자 주)

배출총량거래제의 장점은 당국이 실제 탄소오염 허용치를 설정할 수 있다는 것이다. 반면에 탄소세금제에서는 부과된 탄소세금을 납부할 사람이 얼마나 될지 아무도 모르기 때문에 얼마나 많은 이산화탄소가 대기 중으로 배출될지도 알 수 없다.[21] 하지만 유럽연합이 시행하는 탄소배출권거래제ETS 등에서 보여주듯이 당국이 탄소오염 허용 기준을 정하는 것이 쉽지 않고, 처음 부과할 세금의 액수를 정하기도 어렵다.

탄소세는 배출거래제보다 간단하다. 경제 전체에 영향을 미치고 시행하기도 쉽고, 효과도 빠르게 나타난다. 화석연료에서 벗어나도록 경제를 재구성함으로써 경제를 활성화하고, 일자리를 창출할 수 있다.(예를 들어, 주유소 근무자나 석탄탄광 광부가 아니라 풍력 터빈 설치 기술자와 원자력 기술자) 그러나 신속한 탈탄소화를 달성하기 위해서는 탄소가격을 신속하고 단호하게 올려야 한다. 정치인들이 세금인상을 주저하는 현실에서 스웨덴이 지금까지 높은 탄소가격제를 시행하는 것은 예외적인 일이다.

제15장

세계가
함께 나서야
한다

스웨덴의 사례는 신속한 탈탄소화가 가능하다는 사실을 보여준다. 어느 물리학자가 최근에 이렇게 말했다. "지구온난화 문제를 해결하기 위해 '자본주의를 무너뜨릴' 필요는 없다. 세계가 조금만 더 스웨덴처럼 따라하면 된다."[1] 스웨덴의 성공에는 실제로 복잡한 요인들이 작용했다. 풍부한 수력 발전과 초기에 연료 수입 감소 결정을 내렸고, 효율성을 중시하는 문화 등이 복합적으로 영향을 미쳤다. 하지만 성공의 주요 동력인 화석연료에서 원자력으로의 전환은 다른 나라들에서도 성공을 거두었으며, 특히 프랑스에서 그랬다.

1970년대와 1980년대에 스웨덴, 프랑스, 벨기에, 스위스, 핀란드가 빠르게 원자력 발전능력을 확장했다. 하지만, 그렇게 한 게 유럽이나 그

시기에만 국한된 것은 아니다. 캐나다 온타리오주는 이번 세기에 들어와서 석탄을 원자력으로 대체할 수 있다는 가능성을 보여주었다.[2] 인구 1,400만 명으로, 스웨덴보다 조금 더 큰 온타리오주는 캐나다의 산업 중심지이다. 온타리오주는 원자력발전소를 도입하면서 1976년~1993년 사이 17년 동안 원자로 16기를 건설했다.[3] 그리고 2003년~2014년 사이 원자력발전소를 업그레이드해서 전체 전력에서 원자력이 차지하는 비율을 42%에서 60%로 늘렸다.(나머지 대부분은 수력 발전으로 공급했다). 온타리오주는 2014년에 마지막으로 남아 있던 석탄발전소를 폐쇄했다. 이후 10년이 지나기 전에 온타리오주의 전기 부문 이산화탄소 배출량은 거의 90% 감소했는데, 화석연료가 차지하는 비율이 극히 일부분으로 줄어든 결과였다.[4] (화석연료 발전은 메탄가스만 남았다)

이 모델은 전 세계에서 그대로 따라할 수 있다.[5] 앞에 소개했듯이 한국과 러시아처럼 원자력 확대를 국가정책으로 추진해온 나라들은 안전하고 경제성이 높은 원자로를 신속하게 건설해낼 수 있다. 국제원자력기구IAEA 사무총장은 최근 매년 10~20기의 신규 원자로를 건설하기 위해 필요한 글로벌 투자를 연간 800억 달러로 추정했다. 이럴 경우 전 세계 원자력 발전용량은 2040년까지 두 배 이상 늘어나게 된다.[6] 이 정도 액수는 연간 세계경제활동의 0.1%에 불과하며, 소비가 아니라 투자이고, 정치적 의지만 있으면 쉽게 실천에 옮길 수 있는 일이다. 그리고 한국이 현재 1GW당 20억 달러에 원자로 1기를 건설한다는 점을 감안하면, 원자로 1기당 건설비를 40억~80억 달러로 잡은 것은 필요 이상으로 높게 책정한 것이다.[7] 원자로를 계속 지어 '규모의 경제'economies of scale가 이뤄지면 단가는 더 내려갈 것이다.

기후변화에 맞설 대응책으로 전 세계적으로 원자력 이용을 대규모로 확대하자는 주장은 여전히 논란거리가 되고 있지만, 기후위기가 점점 더 악화되면서 전문가들로부터 진지한 관심이 모아지고 있다.[8] 원자력 발전이 안고 있는 위험성은 기후변화의 위험성에 비하면 훨씬 더 적다. 2015년에 기후위험을 잘 알고 있는 대표적인 기후과학자 4명은 "인류가 살아남을 유일한 길은 재생에너지 확대와 함께 원자로 건설을 가속화하는 것"이라고 주장했다. 이들은 스웨덴과 프랑스의 사례를 들어 매

신규 저탄소 발전소를 짓지 않을 경우와
스웨덴이나 프랑스의 수준으로 지을 경우의 탄소 배출 농도 비교.

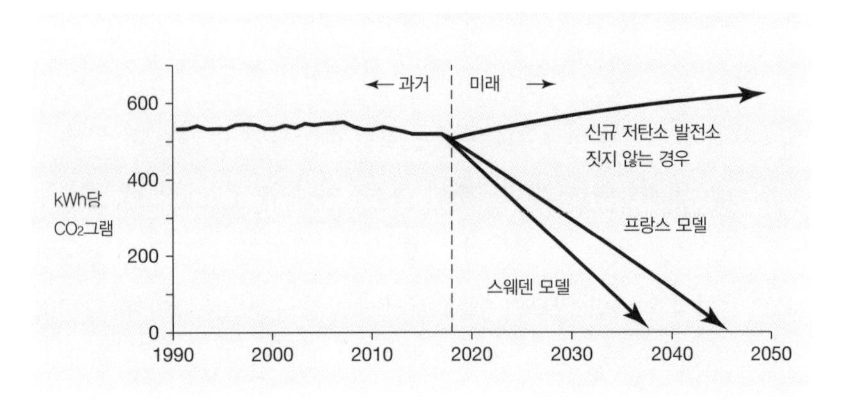

출처: IEAE(emissions intensity and demand projection), OECD (GDP projection), BP (electricity generation data).

년 115기의 신규 원자로를 건설하면 2050년까지 전 세계적으로 늘어나는 전기생산 부문에서 화석연료를 완전히 없앨 수 있다고 말했다.[9] 이는 IAEA 사무총장이 말하는 것보다 훨씬 더 규모가 큰 조치로 우리도 심각하게 고려해 볼 필요가 있다.

매년 115기의 원자로를 건설하는 것은 큰일처럼 보일 수 있겠지만, 참고로 1970년대 후반부터 1980년대 초반까지 스웨덴은 국민 100만 명당 1기의 비율로 원자로를 건설하는데 큰 어려움을 겪지 않았다. 이 비율을 지금 전 세계적으로 적용해 보면 매년 약 750기의 원자로를 만들 수 있으며, 이는 스웨덴의 경우보다 6배 더 빠른 것이다. 심지어 스웨덴의 절반 속도로 건설하더라도 세계는 2050년이 아니라 2040년까지 전기생산에서 화석연료를 사라지게 만들 수 있다. 그리고 건물 난방과 산업용 발전원 자리에서 석탄을 몰아내고, 화석연료를 쓰지 않고 액체 연료를 생산하고, 대기 중의 이산화탄소 포집 등 에너지 집약형 시스템에 전기를 공급할 수 있게 될 것이다. 이렇게 할 경우 수백만 명의 생명을 구하고, 수십억 명이 경제적인 혜택을 누리게 될 것이다. 우리는 스웨덴과 프랑스의 경우를 통해 이것이 실행가능한 일이라는 것을 알고 있으며, 지금은 이 두 나라가 몇 십 년 전에 하던 당시보다 훨씬 더 발전된 기술과 지식을 갖추고 있다.

기후변화에 있어서 제일 큰 문제는 석탄, 다시 말해 연중무휴로 가동되는 석탄화력발전소이다. 따라서 전 세계적으로 원자력발전소를 집중적으로 건설하는 것이 바로 가장 효과적인 해결책이다. 그러나 이 일을 무턱대고 덤벼들어서는 성공할 수 없다. 국가적인 사업이 되어야 하고, 그렇지 않으면 너무 다양한 모형을 만들거나, 경험이 부족해 건설비가 급등하는 미국식 늪에 빠지게 될 것이다.

가장 중요한 것은 표준 모델을 개발하는 것이다. 1995년 미국원자력규제위원회NRC 위원장은 프랑스와 미국 원자력 산업의 차이를 이렇게 요약했다. "프랑스는 두 종류의 원자로와 수백 종의 치즈를 가지고 있는 반면, 미국은 이 수치가 반대이다."[10] 이밖에도 원자로를 빠르게 저비용으로 건설할 수 있게 해주는 중요한 요소로 같은 모형을 여러 번 건설해 경험을 쌓고, 발전소 한 곳에 여러 기의 원자로를 설치하고, 정부의 강력한 지원, 원전 기구를 단일화해서 정책결정을 집중시키는 것 등이 있다.

중국은 매우 중요한 위치를 차지하고 있는 나라이다. 표준 모델 몇 개를 택해, 대규모로 단기간, 집중적으로 원자력을 확장시켜서 석탄을 몰아낼 수 있는 나라가 중국이다.(중국이 석탄 연소를 중단하는 것이야말로 지구를 살릴 최우선 과제이다.) 동시에 중국은 지금 4세대 모델 몇 개를 시험가동해서 10년 후에 어떤 게 가장 적합한 모델일지 찾아갈 수 있는 나라이다. 만약 중국이 스웨덴처럼 빠른 속도로 석탄발전소를 원자력발전소로 대체한다면 기후변화와의 싸움에서 전 세계 어떤 나라보다도 더 중요한 행동을 하게 되는 것이다.

서방 국가들은 가동 중인 원자력발전소가 유효수명useful life을 다하기 전에 조기 폐쇄하는 것을 즉시 멈추도록 해야 한다. 규모는 크지 않을지 모르나 원전이 이산화탄소를 배출하지 않는 전기를 가장 저렴하고 가장 빠르게 생산하는 방법이다. 미국과 독일처럼 정치적인 이유로 원자력발전소를 더 짓지 못할 것 같은 나라들은 4세대 원자로 건설을 지원해서 빠르게 가동될 수 있도록 할 수 있다. 릭오버Rickover 제독의 원자로처럼 역사상 처음으로 설계되고 제작된 원자로들도 설계에서 제작까지 불과 몇 년밖에 걸리지 않았다. 오늘날 우리는 더 많은 자금과 훨씬 더 발전된 기술, 더 교육받은 인력을 가지고 있으니 적어도 같은 수준의 결과는 얻을 수 있을 것이다.

한국처럼 실용적이고 저렴한 3세대 원자로를 건설할 수 있는 나라들은 원자로 건설을 확대해 국가의 전력 공급을 위해 쓰고, 화석연료를 대체할 뿐만 아니라, 다른 나라로 수출까지 할 수 있다.(한국은 UAE에 원전 건설을 성공적으로 마무리했다.)

러시아도 신규 원자력발전소 건설에 더 박차를 가하고, 원전 수출을 계속 확대하며, 4세대 첨단 '획기적인 계획' 기술 개발을 적극적으로 추진할 수 있을 것이다.

탈탄소화를 이루기 위해서는 세계의 전력 생산 시스템을 지금처럼 kWh당 500그램이 넘는 이산화탄소를 배출하는 탄소 집약적인 모델에서 kWh당 탄소오염이 그보다 10분의 1 수준인 모델로 신속하게 전환해야 한다. 프랑스, 스웨덴, 그리고 캐나다의 온타리오주가 이를 실천하고 있으나, 다른 나라들은 아직 그 근처에도 미치지 못하고 있다. 모두 분발할 필요가 있다.

출처: International Energy Agency data set (emissions per kWh of electricity and heat output).

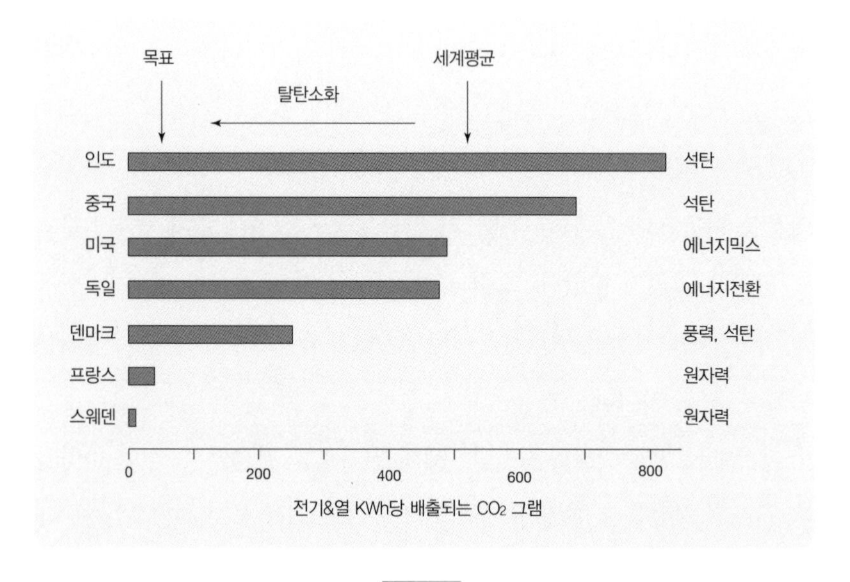

각국에서 사용하는 전력의 탄소 집약도.

경제 개편

전력망에서 석탄과 메탄을 대체하는 수준을 넘어 경제 전반에 걸쳐 탄소 배출을 감소시킬 필요가 있다. 물론, 경제 성장은 계속되어야 한다. 가난한 나라에서는 특히 더 그렇다. 하지만 경제 성장과 화석연료 사용은 서로 분리해서 다루어야 한다.[11] 쉽게 말해, 오늘날 에너지는 전기, 수송, 및 난방의 3대 분야로 나눌 수 있다. 그리고 클린 경제를 만들고 화석연료를 없애는 제일 간단한 한 가지 공식은 바로 다음과 같다. ① 청정한 방식으로 전기를 생산하고, ② 모든 것을 전기로 움직이는 것이다.[12]

이러한 전환은 이미 진행되고 있다. 많은 나라에서 전기 기관차가 디젤 기관차를 대체하였다. 하이브리드 자동차와 전기차 보급이 늘고, 휘발유 자동차와 디젤 자동차를 완전히 없애겠다고 선언한 나라들도 있다. 전 세계적으로 배터리를 비롯한 관련 연구들이 진행되며 화석연료

모든 것을 전기로 움직이게 하자.
지멘스가 스웨덴에서 대형 트럭의 전기 고속도로 시험주행을 하고 있다.

사진: Courtesy of Siemens, www. siemens.com/press.

에서 전기 차량으로의 전환이 가속화될 전망이다. (스웨덴에서는)제철산업에서도 석탄 대신 전기를 사용하는 새로운 방법을 개발하였다.[13]

스웨덴은 또한 지열을 이용하는 히트 펌프heat pumps 난방과 여러 건물을 동시에 난방하는 '구역 난방'을 조합해 효율적이고 청정한 에너지 사용으로 전환했다.(바이오매스도 구역 난방에서 중요한 역할을 한다) 아마도 미국의 교외 지역은 절대로 구역 난방을 도입할 수 없겠지만, 도시에서는 가능하다. 그리고 교외 지역에서도 히트 펌프는 인기가 높고, 전기요금도 계속 내려가고 있다.

전기로의 전환은 두 말할 필요 없이 탄소 배출 감소의 주요 경로가 될 것이지만, 청정에너지로 만든 열을 직접 공급할 수 있는 기회도 많이 있다. 전통적인 원자로는 구역별 난방 네트워크에 열을 공급하기에 매우 적합하며, 이미 세계 전역에 있는 57개의 원자로에서 이 작업을 수행하고 있는데, 가장 대표적인 곳은 러시아이다. 중국은 고온가스냉각원자로HTGR를 최초로 완성했는데, 이 원자로는 전통적인 경수로원자로보다 온도가 훨씬 높은 567°C에서 증기를 생산할 수 있다.[14] 고온에서는 전기생산이 매우 효율적으로 이루어지는데(42퍼센트), 산업시설의 고온 산업공정에 석탄화력발전소 대신 열 공급도 가능하다.

단순히 전기로 전환하는 것 외에 액체 연료 및 기체 연료로 화석연료를 대체하는 방법도 있다. 특히 저렴한 배터리를 개발하기가 어려워지는 경우 유용하게 쓰일 방법이다. 원자력은 물을 수소와 산소로 분해시킬 수 있으며, 그때 나오는 수소가스로 메탄가스를 대체할 수 있다.[15](이

를 위해서는 기존 인프라에 조정이 필요함)

메탄에서 질소를 제거한 게 수소이다. 원자력을 활용해 생산한 수소를 에너지 운반체인 암모니아로 변경할 수 있다. 암모니아는 수소와 질소가 결합한 화합물로, 에너지만 활용하면 물과 공기에서 쉽게 얻을 수 있다.[16] 암모니아는 수소보다 에너지 밀도가 높으며 낮은 압력에서 저장할 수 있다. 원자로를 이용해 액체나 기체 연료를 만들면 연중무휴로 원자로를 가동해 전력 수요가 높을 때는 에너지를 전력망에 송전하고, 전력 수요가 낮을 때는 연료 생산에 사용할 수 있다는 장점이 있다. 이는 재생에너지를 전력망에 효과적으로 통합하는데도 도움이 된다. 재생에너지의 전기 생산량이 들쑥날쑥할 때 원전이 이를 효과적으로 뒷받침해줄 수 있기 때문이다. 재생에너지의 전기 생산량이 높을 때는 원전이 액체 연료를 생산하고, 전기 생산량이 부족할 때는 전력망으로 전기를 내보내는 식이다.

마지막으로, 탄소가격제를 엄격하게 시행하면 경제를 화석연료로부터 분리해서 재편하는데 도움이 될 것이다. 국경을 초월하는 국제적인 탄소가격 표준화 협정을 통해 탄소가격제 운영을 수월하게 만들 수 있다. 다만 그럴 경우에는 필요한 변화를 가져올 수 있을 정도로 충분히 높은 가격을 부과할 필요가 있다.

정치의 역할

결국 화석연료를 원자력으로 대체하는 것은 기술적인 문제일 뿐만 아니라 정치적 문제이다.[17] 정치가 중요한 역할을 한다. 원자력이 정치적으로 너무 민감한 문제가 되면 제기능을 발휘할 수 없다. 스웨덴에서도 정치 때문에 원전의 성공이 위협받는다.

녹색당이 참여한 스페인 연립정부는 2016년에 원전을 단계적으로 폐기하려고 했다가 결국 국가의 전력 공급과 기후에 미치는 손실을 줄이는 방향으로 타협이 이루어졌다. 그러나 지금은 스페인 정치권에서 잘 가동되고 있는 원자로 4기를 앞으로 몇 년 안에, 조기 가동 중단시키겠다는 쪽으로 몰아가고 있다.[18] 국가의 원자력 발전 능력을 조기 폐쇄하는 것은 청정에너지를 생산하는 북유럽 전력망에서 벗어나 독일과 폴란드의 석탄화력발전소에 의존하는 체제로 옮겨가겠다는 것이다. 그렇게 될 경우 에너지 생산 관련 사망자가 5만 명에 이를 것으로 추정되고 있다.[19]

전 세계적으로 원자력이 크게 확대되는 추세인 마당에 정치가 정말 큰 제약으로 작용할 수 있을까? 급속한 탈탄소화로 나아가는데 있어서 가장 중심적인 역할을 하는 중국의 경우는 중국공산당 독재체제이기 때문에 반핵 단체가 영향력을 갖지 못한다. 현재 원전 수출 및 4세대 원자로 기술에서 핵심 주자인 러시아 역시 권위주의 정부가 원전을 지지하고 있다.

독일과 일본 같은 나라가 원자력발전소를 폐쇄하고 그 대신 메탄가스와 석탄을 사용하려고 들면 이는 분명히 기후 노력을 한발 후퇴시키는 조치이다. 하지만, 그렇다고 전 세계적인 원자력 확대 흐름에 결정적인 타격을 입히지는 못할 것이다.

가장 문제가 많은 나라는 바로 미국일 것이다. 미국은 원자력 전문성면에서 원조 국가이고, 지금도 다른 어떤 나라보다도 더 많은 원자력 발전을 하고 있으며, 2위 프랑스보다 2배의 발전량을 기록하고 있다.[20]

미국 원전 산업이 후퇴하고 있는 것은 다른 서구 민주주의 국가들이 보이는 문제보다 훨씬 더 심각한 사안이다. 미국정치는 수십 년 동안 원자력 산업에 비판적인 입장을 취해 왔다. 반핵 단체들은 규모가 크고, 후원금이 탄탄하고, 로비활동을 매우 적극적으로 벌이고, 여론을 주도하고, 법적소송도 매우 적극적으로 벌여왔다. 지금까지 본 것처럼, 너무도 아이러니한 것은 원전에 제일 적극적으로 반대 목소리를 내는 단체들이 기후변화에 대해서도 제일 강한 목소리를 낸다는 사실이다. 한 가지 희망적인 것은 미국에서도 원자력을 지지하는 환경운동 단체[21]와 인쇄매체[22]가 늘고 있다는 사실이다. 하지만 이들의 존재는 아직 매우 미약하고, 전적으로 민간 기부금에 의존하고 있으며, 반핵운동 단체들이 누리는 금융지원 혜택은 극히 일부분만 받고 있다.

그렇다고 미국정치가 원자력 확대에 완전히 반대하는 입장만 취하는 것은 아니다. 많은 주들이 기존의 원전이 탄소 배출 목표를 달성하는데 있어서 중요한 역할을 한다는 사실을 깨닫고 있고, 일부에서는 재생에너지와 동등한 입장에서 원전을 대하기 시작했다. 이런 추세에 힘입어 '신재생에너지 의무할당제'Re newable Portfolio Standards(주정부가 에너지 믹스에 일정 비율의 신재생에너지를 의무적으로 포함시키도록 한 것)가 재생에너지와 함께 원전도 포함하는 '저탄소 의무할당제'Low-Carbon Portfolio Standards로 바뀌었다.[23]

청정에너지에 대해서는 어느 정도 초당적인 합의가 이루어져 있고, 이에 대해 미국정치의 우파 쪽에서도 상당한 지지를 보내고 있다. 극보수주의자인 샘 브라운백Sam Brownback 캔자스 주지사는 캔자스주의 풍력 발전을 대폭 확장하는 것을 열렬히 지지했다. 그것은 캔자스 경제에 유익한 일이었다. 풍력 발전이 활발하게 이루어지고 있는 다른 주들에서도 공화당 성향이 우세한 주가 많았다.[24] 그리고 공화당의 선출 공직자들 사이에서는 기후변화에 대한 우려를 입에 올리는 게 금기시되어 있지만, 실제로 공화당 일반 유권자들은 기후변화에 대한 우려를 강하게 갖고 있는 편이어서 이들의 절반가량이 선거에서 기후변화와 맞서 싸울 후보를 찍겠다고 답했다.[25]

원전, 특히 4세대 원자로는 미국의회에서 초당적으로 큰 지지를 받고 있다. 진보 진영에서는 기후변화 때문에 열린 자세를 갖게 됐고, 보수 진영에서는 경제에 유익하다는 점과 미국이 가진 기술력 우위를 이유로 원전을 지지한다.[26]

반핵운동은 여러 가지 이유를 개발하며 원전 반대 입장을 계속 이어왔다. 처음에는 원전이 너무 위험하다는 주장을 내세웠지만, 원전이 50

년 동안 너무도 뛰어난 안전기록을 보이면서 이 주장은 수그러들었다. 다음에는 원자력이 핵무기 확산으로 이어져 테러리스트들의 수중에까지 들어가게 될 것이라고 주장했다. 하지만 이 주장도 사실과 다르다는 게 드러났다.[27]

그러자 이번에는 원전이 비경제적이라는 이유를 들고 나왔다. 미국과 유럽에서 신규 원자력발전소를 건설하며 예산을 크게 초과하고 공사기간이 늘어지면서 비용이 너무 많이 들어간다는 것이었다. 이어서 다루겠지만 이러한 경제적 문제들은 부분적으로는 반핵운동 단체 자신들

독일의 반핵 시위. 석탄 반대 시위는 이렇게 열렬히 한 적이 없다. 2011년.

이 소송을 이어가고, 각종 규제 요구를 계속 내놓은 때문이다. 스웨덴의 원전은 수십 년 동안 확실한 경쟁력 우위를 보여 왔고, 한국에서도 감당할 만한 비용으로 신규 원전 건설이 가능하다.

반핵 단체들이 내놓은 다음 논리는 신재생에너지가 모든 문제를 해결해줄 것이기 때문에 "원전은 필요 없다"는 것이다. 그러나 원전 가동을 중단한 경우에는 예외 없이 신재생에너지가 그 공백을 다 메우지 못했고, 이산화탄소 배출량은 증가했다.[28] 반면에 원전 가동을 확대한 온타리오주 같은 곳에서는 탄소 배출량이 줄어들었다.

수십 년 동안 원전은 나쁜 것이라고 정치적인 주장을 해온 사람들이 이제는 원전을 건설하고 운영하는 건 무조건 정치적으로 불가능한 일이라는 주장을 내놓고 있다. 하지만 이것은 자기충족적인 예언self-fulling prophesy에 불과하며, 인류의 가장 심각한 문제에 대한 가장 실질적인 해결책을 정치적으로 불가능하다는 핑계로 쉽게 폐기해서는 안 된다. 필요성이 있으면 그것을 따라잡을 방법을 찾아내는 게 정치이다.

제일 어려워 보이는 정치적 문제는 원전에 국한된 게 아니라 기후변화에 어떻게 대응해 나갈 것이냐는 과제이다. 지금까지 국제사회가 기울인 노력 중에서 가장 돋보이는 2015년 파리협정도 문제 해결에 크게 다가가지 못하고 있고, 설정한 목표 자체가 만족스럽지 못한데도 불구하고 각 나라의 자발적 약속 이행을 강제할 아무런 수단도 마련하지 못하고 있다. 사실 많은 나라들이 파리협정의 약속을 이행하지 않고 있지만, 국제정치 체제에는 이들을 올바른 방향으로 밀고 나가는 건 고사하

고, 방향을 바로잡아줄 어떤 장치도 마련돼 있지 않다.[29]

지구와 충돌하려고 다가오는 거대한 소행성을 다시 한 번 생각해 보자. 충돌을 막기 위해 각 나라들에게 자발적으로 기여해 달라고 부탁한 다음 그들이 이를 이행하든 말든 그대로 내버려 두어야 할까? 아니다. 다가올 문제를 확실하게 해결하기 위한 국제적 조직과 절차를 만들고, 세계 전역에서 조달 가능한 재능과 자원을 총동원해서 이 문제 해결에 매달려야 한다.

경제적 측면

'원자력발전소는 비용이 너무 많이 든다'는 근래의 주장은 한국, 러시아, 스웨덴처럼 원전이 가격경쟁력을 갖춘 나라들을 모르고 하는 소리다. 그리고 버몬트양키Vermont Yankee원자력발전소처럼 메탄가스를 제외한 다른 어떤 에너지원보다 저렴하게 에너지를 생산하는데도 인가받은 수명보다 훨씬 앞서 조기 폐쇄되는 원전도 있다.

탈원전을 주장하는 환경운동가들은 원전에 대해서는 국가 보조금 없이도 단기간에 수익을 내라고 요구하면서 신재생에너지에 대해서는 그런 요구를 하지 않는다. 원전은 막대한 초기 투자가 필요하지만 그 이후로는 풍력이나 태양광 발전 시설보다 몇 배나 긴 60년 이상 청정에너지를 생산한다.[30] 원전은 단속적이지 않고 안정적이기 때문에 비싼 저장

시설이 필요 없다. 원전에서 생산하는 전기에는 탄소가격이 붙지 않기 때문에 독일 석탄 전기나 미국 메탄가스 전기는 경쟁상대가 되지도 않는다. 보조금이 붙지 않는다면 재생에너지보다 원전이 더 저렴할 수 있다.[31] 한국은 2013년 원전에서 kWh당 3.7센트의 생산단가로 전기를 생산했다. 석탄화력발전(5.6센트), 수력 발전(16.2센트), LNG발전(20.5센트)보다 원전이 더 값싼 전기를 생산한 것이다.[32] '너무 비싸기 때문에' 한국의 원전을 폐쇄하라고 하는 환경운동가들의 주장은 분명히 부당한 것이다.

원전처럼 장기적인 프로젝트에서 초기에 많은 자본을 투입하는 일은 자율적으로 움직이는 민간시장에서는 쉽게 하기 어렵다. 경쟁상대인 화석연료의 가격이 불안정한 상황에서는 특히 더 그렇다. 또한 앞서 본 것처럼 탄소가격제와 관련한 할인율은 원전 같은 장기투자 경제에 큰 영향을 미친다. 채굴에서 해체작업decommissioning까지 기술의 전 단계에 걸쳐 '균등화'levelized해서 만든 서방 선진국의 에너지 가격은 할인율이 3%면 원자력 전기가 석탄이나 메탄가스 전기보다 싸게 공급되지만, 할인율이 10%가 되면 이런 이점이 사라지는 것으로 나타났다.[33]

원자력발전소를 건설하는 것은 주유소를 짓는 것보다는 철로를 건설하는 것에 더 가깝다. 불안정한 시장에서 이러한 대규모 장기 프로젝트가 성공하려면 정부의 장기적인 지원이 중요하다.[34] 한국은 반복적인 건설로 인해 기가와트급 1기당 약 20억 달러의 사업비로 원전을 건설할 수 있어 전력을 저렴하게 생산한다. 영국에서는 현재 1기당 80억 달러, 미국이 최근 추진한 프로젝트의 경우 1기당 사업비가 약 120억 달러에

출처: Courtesy of Jessica Lovering based on Jessica R. Lovering, Arthur Yip, and Ted Nordhaus, "Historical Con- struction Costs of Global Nuclear Power Reactors," Energy Policy 91 (April 2016): 371~382.

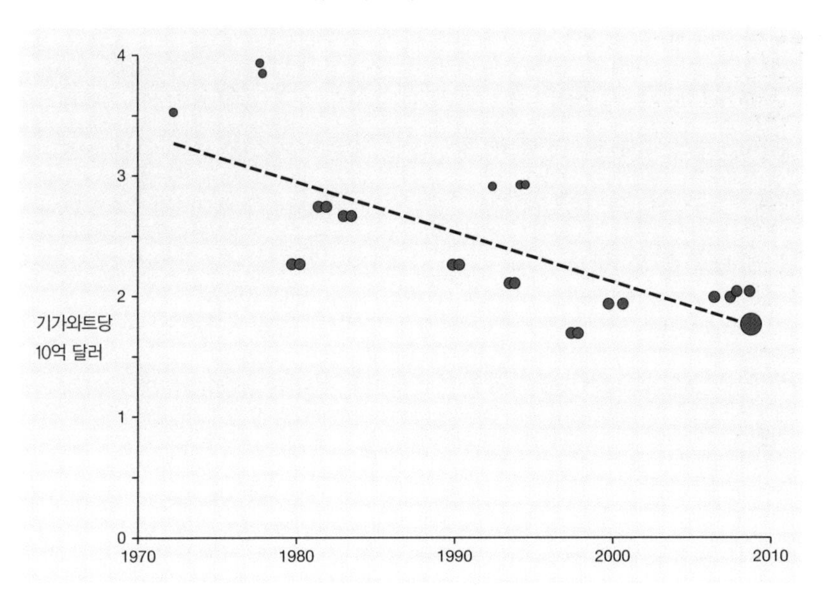

한국의 원전 건설비 추이. 점의 크기별로 각각
558~669MW, 903~1,001MW, 1,300+MW의 발전용량을 나타낸다.

이른다.[35] 이는 원전이 '경제성이 없다'는 의미가 아니라, 영국과 미국도 한국이 걸어온 길을 따라서 하라는 의미로 받아들여야 한다. 그것은 바로 정부가 장기적인 투자로 강력히 지원하며 동일한 모형의 원자로를 반복적으로 건설하는 것이다. 최근 전 세계 원전 건설의 비용원인을 분석한 연구는 먼저 선단을 구축하고, 설계를 완성하는 동안 교훈을 얻고, 그런 다음 원전 건설을 시작할 것을 주문하고 있다.[36]

미래 비용과 책임분담

지금까지 기후변화와 관련한 국제정치는 책임분담 문제에 지나치게 집중해 왔다. 미래에 닥칠 재앙에 대한 해결책을 마련하는 일은 현재 세대에게 너무 많은 짐을 지우는 것이므로, 국제공동체가 책임지고 나서서 그 부담을 전 세계 주권국가들에게 할당해야 한다는 것이다. 이러한 접근방식은 나 자신이 아닌 다른 누군가가 비용을 부담하도록 하고, 지금 지구상에 살고 있는 사람들은 막연한 미래로 비용을 떠넘겨놓자는 발상이다.

비용과 책임분담이라는 이 이야기를 어떻게 기회와 발명으로 재구성할 수 있을까? 스웨덴 국민들은 이산화탄소 배출을 줄여야 한다는 부담에 짓눌려 우울하게 지내는 게 아니다. 대신 스웨덴 경제는 활발하게 돌아가고, 더 깨끗해진 공기로 사람들은 더 건강하게 지내게 됐다. 그들은 풍부한 에너지를 사용해 춥고 어두운 스칸디나비아반도의 겨울을 더 따뜻하고, 더 밝게 지내고 있다.

마찬가지로 전기차를 운전하는 사람들은 자동차가 성능이 나쁘지만 오염을 줄이기 위해 마지못해 타는 게 아니라 그게 좋아서 탄다. 테슬라의 모델3 전기차가 출시되기도 전에 수백만 명이 차를 사기 위해 줄을 서서 기다렸다. 세상을 구하기 위해 고생을 사서 하는 게 아니라, 테슬라 전기차가 멋있기 때문이다.

원전과 신재생에너지를 함께 사용하면 세계 곳곳의 가난한 사람들에게 에너지를 사용할 수 있는 기회를 만들어 주게 된다. 그렇게 되면 사람들은 더 건강해지고, 무력충돌은 줄어들 것이며, 인구증가율은 낮아질 것이다. 모두에게 좋은 일이다.

에너지 혁신은 대체로 더 많은 즐거움을 안겨준다.[37] 사람들은 스마트폰을 끼고 살면서 스마트폰이 대체한 방을 가득 채우는 대형 컴퓨터 시절을 그리워하지 않는다. 자율주행 자동차는 운송을 더 효율적으로 만들고, 사람들의 삶을 더 생산적으로 만들 것이다. 4세대 원자력발전

전기차를 비롯한 에너지 혁신 제품들은 사람들이 부담스럽고 싫은데도
지구를 위해 억지로 이용하는 게 아니라, 그게 좋아서 하는 것이다.

사진: Courtesy of Steve Cole.

소는 우리가 쓰는 전기를 더 깨끗하게 만들 뿐만 아니라 경제성도 더 뛰어나게 만들 것이다. 이러한 흐름은 탄소 배출 감소와 함께 일어나는 것이지, 서로 상반되는 일이 아니다. 우리도 이제 사고방식을 '희생과 보상'을 맞교환하는 흥정의 틀에서 벗어나 문제를 해결하고 상호 윈윈 하는 결과를 만들어나가는 식으로 바꿔나갈 필요가 있다.

스웨덴에서는 기후문제 해결이 경제가 희생을 치른 대가로 얻어지는 식이 아니다. 기후변화에 대응하기 위해 다른 사회문제 해결에 쏟을 자원을 줄이는 것도 아니고, 환경주의가 경제에 피해를 주는 것도 아니다. 이런 일은 스웨덴의 경우에는 하나도 해당되지 않는다. 스웨덴은 세계에서 일인당 원자력 비율이 가장 높은 나라일 뿐만 아니라 '에코워치 글로벌 녹색경제 리스트'Ecowatch Global Green Economy List에서 1위, '예일-컬럼비아 환경이행지수'Yale-Columbia Environmental Performance Index에서 3위를 기록했다.[38] 그리고 포브스Forbes지가 선정한 비즈니스 하기 가장 좋은 나라 목록에서 1위에 오른 나라이다.[39]

이런 사실에 주목하자. 제일 친환경적인 나라가 비즈니스 하기에도 제일 좋은 나라인 것이다.

혁신이라는 면에서도 스웨덴은 최상위, 혹은 최상위에 근접한 나라에 올라 있다.[40] 성평등, 부패 없음, 노인 돌봄, 자녀양육과 부모 지원에서 높은 순위를 기록하고 있다. 세계경제포럼World Economic Forum을 소개하는 어느 블로거는 스웨덴은 "거의 모든 면에서 다른 나라를 압도한다."고 했다.[41]

스웨덴이 이렇게 훌륭한 성과를 내는 게 원전 사용 1위 국가이기 때문일까? 그건 분명히 아니다. 하지만 원전은 스웨덴에 부담을 주는 게 아니라, 이 나라의 성공에 기여하고 있다. 분명히 그렇다. 스웨덴처럼 생각하고, 글로벌하게 행동하자.

스웨덴만 예외적으로 그런 것은 아니다. 스웨덴은 저탄소 경제를 만들기 위해 여러 분야에서 노력을 기울여 좋은 결과를 만들어낸 하나의 사례일 뿐이다. 노르웨이는 다른 나라보다 전기차를 더 많이 보유하고 있다. 한국은 저렴한 원자로를 만든다. 핀란드는 발전된 폐기물저장소를 운영하고 있다. 러시아는 발전된 4세대 원자력 기술을 보유하고 있고, 중국은 신규 원자로 건설에 앞장서고 있다. 미국에는 많은 민간 스타트업 기업이 있고, 프랑스는 발전된 핵연료 사이클을 보유하고 있다. 그리고 인도, 캐나다, 인도네시아, 아랍에미리트, 베트남, 이집트, 방글라데시를 비롯한 많은 나라들이 실제로 기후변화 해결에 도움이 되는 조치를 취하고 있다.

원전과 신재생에너지를 동시에 활용하는 나라들은 빠르게 탄소 배출을 줄이면서도 경제적, 사회적으로 얼마든지 번영할 수 있음을 보여준다. 이산화탄소 배출을 줄이면서도 깨끗한 공기, 경제적인 성공, 그리고 부유한 나라에서는 사회적 정의, 가난한 나라에서는 사람들에게 풍부한 에너지를 공급하는 게 가능하다. 지구를 구하려는 노력은 함께 나누어서 져야 하는 짐이 아니라, 더 나은 미래를 위해 우리의 삶을 재정립하는 좋은 기회이다.

제1장 | 기후는 기다려주지 않는다

1. We use the terms global warming and climate change interchangeably. Global warming produces climate change. Opinion polling shows the public does not differentiate the terms. See Riley E. Dunlap, "Global Warming or Climate Change: Is There a Difference?," *Gallup News*, April 22, 2014, http://news.gallup.com/poll/168617/global-warming-climate-change-difference.aspx.
2. J. G. J. Olivier, K. M. Schure, and J. A. H. W. Peters, *Trends in Global CO_2 and Total Greenhouse Gas Emissions: 2017 Report* (The Hague: PBL Netherlands Environmental Assessment Agency, December 2017).
3. Joeri Rogelj et al., "Paris Agreement Climate Proposals Need a Boost to Keep Warming Well Below 2°C," *Nature* 534 (June 30, 2016): 631-639; Glen P. Peters et al., "Key Indicators to Track Current Progress and Future Ambition of the Paris Agreement," *Nature Climate Change* 7 (2017): 118-122.

4. World Bank data. See Figure 18 in Chapter 9.

5. BP, BP *Statistical Review of World Energy 2017*, 9.

6. Intergovernmental Panel on Climate Change (IPCC), Climate Change 2014: *Synthesis Report. Contribution of Working Groups I, II and III to the Fifth Assessment Report of the Intergovernmental Panel on Climate Change* [core writing team, R. K. Pachauri and L. A. Meyer, eds.] (Geneva: IPCC, 2014).

7. Johan Rockstrom et al., "A Roadmap for Rapid Decarbonization," *Science* 355, no. 6331 (2017): 1269-1271.

8. National Oceanic and Atmospheric Administration, "2016 Marks Three Consecutive Years of Record Warmth for the Globe," January 18, 2017, www.noaa.gov/stories/2016-marks-three-consecutive-years.of.record-warmth-for-globe.

9. Climate Central, "Extreme Sea Level Rise and the Stakes for America," April 26, 2017, www.climatecentral.org/news/extreme-sea-level-rise-stakes-for-america-21387.

10. Derek Watkins, "China's Coastal Cities, Underwater," *New York Times*, December 11, 2015.

11. National Snow and Ice Data Center, "Quick Facts on Ice Sheets," https://nsidc.org/cryosphere/quickfacts/icesheets.html.

12. John Vidal, " 'Extraordinarily Hot' Arctic Temperatures Alarm Scientists," *Guardian*, November 22, 2016.

13. D. A. Smeed et al., "Observed Decline of the Atlantic Meridional Overturning Circulation, 2004. 2012," *Ocean Science* 10 (2014): 29-38; Quirin Schiermeier, "Atlantic Current Strength Declines," *Nature* 509 (2014): 270-271; Robinson Meyer, "The Atlantic and an Actual Debate in Climate Science," *Atlantic*, January 7, 2017.

14. Angela Fritz, "Boston Clinches Snowiest Season on Record amid Winter of

Superlatives," *Washington Post*, March 15, 2015.
15. David Wallace-.Wells, "The Uninhabitable Earth," *New York*, July 10, 2017.
16. Michael L. Klare, *The Race for What's Left: The Global Scramble for the World's Last Natural Resources* (London: Picador, 2012); Shlomi Dinar, ed., *Beyond Resource Wars: Scarcity, Environmental Degradation, and International Cooperation* (Cambridge, MA: MIT Press, 2011).
17. See, for example, https://climateandsecurity.org/; and Joshua S. Goldstein, "Climate Change as Global Security Issue," *Journal of Global Security Studies* 1, no. 1 (2016).
18. Steven Pinker, *The Better Angels of Our Nature: Why Violence Has Declined (New York: Viking, 2011); Joshua S. Goldstein, Winning the War on War: The Decline of Armed Conflict Worldwide* (New York: Dutton, 2011).
19. Solomon M. Hsiang, Marshall Burke, and Edward Miguel, "Quantifying the Influence of Climate on Human Conflict," *Science* 341, no. 6151 (2015): 1212.
20. Bhadra Sharma and Ellen Barry, "Quake Prods Nepal Parties to Make Constitutional Deal," *New York Times*, June 9, 2015: A6; Andrew M. Linke et al., "Rainfall Variability and Violence in Rural Kenya," *Global Environmental Change* 34 (2015): 35-47.
21. Jan Selby et al., "Climate Change and the Syrian Civil War Revisited," *Political Geography* 60 (September 2017): 232-244.
22. Adrian E. Raftery et al., "Less than 2ºC Warming by 2100 Unlikely," *Nature Climate Change* 7 (2017): 637-641.
23. James Hansen et al., "Ice Melt, Sea Level Rise and Superstorms: Evidence from Paleoclimate Data, Climate Modeling, and Modern Observations that 2ºC Global Warming Could Be Dangerous," *Atmospheric Chemistry and Physics* 16 (2016): 3761-3812.

24. James Hansen et al., "Young People's Burden: Requirements of Negative CO2 Emissions," *Earth System Dynamics* 8 (2017): 577-616; James Hansen et al., "Assessing 'Dangerous Climate Change': Required Reduction of Carbon Emissions to Protect Young People, Future Generations and Nature," *PLoS ONE* 8, no. 12 (2013): e81648.
25. *Juliana v. United States*. See ourchildrenstrust.org.
26. Naomi Klein, *This Changes Everything: Capitalism vs. the Climate* (New York: Simon & Schuster, 2014), 10.
27. George Marshall, *Don't Even Think About It: Why Our Brains Are Wired to Ignore Climate Change* (New York: Bloomsbury, 2014).
28. While trained and active as a nuclear engineer, Qvist currently leads a solar energy initiative in East Africa. Goldstein has solar panels on his roof.
29. Christiana Figueres et al., "Three Years to Safeguard Our Climate," *Nature* 546 (June 28, 2017): 593-595.
30. C.ROADS model at www.climateinteractive.org/tools/c.roads/or the *New York Times* version at www.nytimes.com/interactive/2017/08/29/opinion/climate-change-carbon-budget.html.Scientific review of the model is at www.climateinteractive.org/wp-content/uploads/2014/01/C.ROADS-Scientific-Review-Summary1.pdf.
31. This is a simple linear reduction from the baseline value in 2020 rather than a running reduction.
32. This calculation is based on the 2°C scenarios in Glen P. Peters et al., "Key Indicators to Track Current Progress and Future Ambition of the Paris Agreement," *Nature Climate Change* 7, no. 2 (2017): 118-122.
33. S. Pacala and R. Socolow, "Stabilization Wedges: Solving the Climate Problem for the Next 50 Years with Current Technologies," *Science* 305, no. 5686 (2004):

968-972; Steven J. Davis et al., "Rethinking Wedges," *Environmental Research Letters* 8 (2013): 011001.

34. Peter J. Loftus, "A Critical Review of Global Carbonization Scenarios: What Do They Tell Us About Feasibility?," *WIREs Climate Change* (2013), doi:10.1002/wcc.324.

35. In addition to converting to electric heating, industrial facilities and district heating networks can use heat created in the process of generating electricity in low-carbon-emissions thermal power plants that use steam to generate electricity.

36. US Energy Information Administration, *Annual Energy Outlook, 2018* (February 6, 2018), 81, www.eia.gov/outlooks/aeo/pdf/AEO2018.pdf.

제2장 | 스웨덴의 길

1. Staffan A. Qvist and Barry W. Brook, "Potential for Worldwide Displacement of Fossil-Fuel Electricity by Nuclear Energy in Three Decades Based on Extrapolation of Regional Deployment Data," *PLoS ONE* 10, no. 5 (2015): e0124074.

2. The first outright ban from the Swedish government on hydroelectric power expansion passed in April 1970, effectively ending the period of expansion that lasted from the late 1800s.

3. Gwyneth Cravens, *Power to Save the World: The Truth About Nuclear Energy* (New York: Vintage, 2007), 60.

4. A reactor producing 6 TWh per year, typical of the four at Ringhals, is equivalent to burning 2.75 million tons of coal, with a railcar holding 100. 120tons.

5. Both statistics from Bruno Comby, *Environmentalists for Nuclear Energy* (1994;

English translation, Paris: TNR Editions, 2001), 45.

6. A recent review estimates nuclear power's "total spatial footprint" (including uranium mining) at about 1/13th that of coal power (and, at most 1/4 that of wind, 1/50th that of solar photovoltaics and 1/1500th that of biomass). Vincent K. M. Cheng and Geoffrey P. Hammond, "Energy Density and Spatial Footprints of Various Electrical Power Systems," *Energy Procedia* 61 (2014): 578-581.

7. Sven Werner, "District Heating and Cooling in Sweden," *Energy* 126 (2017): 419-429. In the 1960s, most Swedish buildings used fuel oil for heat; district heating accounted for only 3 percent of the heat market in 1960. Today, district heating accounts for 58 percent of the energy for heating buildings (2014), while fuel oil accounted for less than 2 percent. The remaining heat sources consist of electricity used for electric heating and heat pumps and a very small amount of methane.

8. Qvist and Brook, "Potential for Worldwide Displacement of Fossil-Fuel Electricity."

9. In 2016, with shutdowns for maintenance and upgrades, Sweden's plants produced electricity at an average 75 percent of capacity.

10. https://corporate.vattenfall.se/om-oss/var-verksamhet/var-elproduktion/ringhals/ringhals-nuclear-power-plant/.

11. See comparisons in Comby, *Environmentalists for Nuclear Energy*, 61-62.

12. Mara Hvistendahl, "Coal Ash Is More Radioactive than Nuclear Waste," *Scientific American* (December 13, 2007).

13. Calculated from Staffan A. Qvist and Barry W. Brook, "Environmental and Health Impacts of a Policy to Phase Out Nuclear Power in Sweden," *Energy Policy* 84 (2015): 1-10.

14. Using emissions intensity factors from the IPCC Contribution of Working Group III to the Fifth Assessment Report of the Intergovernmental Panel on

Climate Change, and the average Ringhals Power Plants production for 1999-2016 of 24.1 TWh per year.

15. The operation of karnkraft produces no emissions at all (just like wind, solar, or hydroelectric power), but all sources of energy have associated "life-cycle" emissions, taking into account the emissions of, for instance, mining for the materials that make up the energy production unit. According to Swedish state utility Vattenfall, karnkraft has the lowest total life-cycle greenhouse gas emissions of any known energy source.

16. The "capacity factor" of wind farms varies with technology, location, and type (offshore or onshore), between a low of around 14 percent (for poorly located onshore wind farms) up to 55 percent for the best-performing offshore wind farms. The production-averaged global wind capacity factor is around 33 percent.

17. Countries that have abundant hydroelectric power reservoirs can relatively cost-effectively "store" intermittent energy by simply running the hydro power less and saving water for later. Such opportunities, unfortunately, exist in only a few lucky countries.

18. Nuclear Energy Institute, "Land Requirements for Carbon-Free Technologies," June 2015, www.nei.org/CorporateSite/media/filefolder/Policy/Papers/Land_Use_Carbon_Free_Technologies.pdf.

19. OECD, "Radioactive Waste Management and Decommissioning in Sweden, [2012], 10-12, www.oecd-nea.org/rwm/profiles/Sweden_report_web.pdf. Twelve thousand tonnes of spent fuel, over fifty years from all Swedish reactors; 160,000 cubic meters of all waste, over fifty years. Current rate is 1,000. 1,500 cubic meters per year. Spent fuel receiving capacity is 300 cubic meters per year. Ringhals accounts for 44 percent of the national total.

20. Stewart Brand, *Whole Earth Discipline: An Ecopragmatist Manifesto* (New York:

Viking, 2009), 111.

21. While operational emissions are nearly zero, karnkraft units do emit tiny amounts of CO_2 during ancillary operations such as testing backup diesel generators.

제3장 | 독일의 길

1. Clean Energy Wire, "Germany's Energy Consumption and Power Mix in Charts." Data from AG Energiebilanzen 2017.

2. Melissa Eddy, "Missing Its Own Goals, Germany Renews Effort to Cut Carbon Emissions," *New York Times*, December 4, 2014, A6.

3. Vattenfall [utility company], "Energy from Lusatia: Janschwalde Lignite Fired Power Plant," fact sheet, www.leag.de/fileadmin/user_upload/pdf.en/fb_kw_jaewa_10seiter_engl_2013.pdf. In an average year, Ringhals electricity output is about 20 percent higher than that of Janschwalde.

4. Ibid. Capacity is 82,000 tons daily, but the plant does not operate at capacity all the time. Based on electrical output and heat content of lignite, we estimated about 50,000 tons on average. In addition, large amounts of coal are burned to dry out the lignite and to operate the mining equipment.

5. Fifty thousand tons of lignite times 2,792 pounds of CO_2/ton based on US Energy Information Administration, "Carbon Dioxide Emissions Coefficients," February 2, 2016.

6. From Anil Markandya and Paul Wilkinson, "Electricity Generation and Health," *Lancet* 370 (2007): 981. Their estimate of 32.6 annual deaths and 298 serious illnesses per TWh for European lignite is multiplied by Janschwalde's 22 TWh of

production.

7. World Wildlife Federation, "Dirty Thirty: Ranking of the Most Polluting Power Stations in Europe," May 2017, http://d2ouvy 59p0dg6k.cloudfront.net/downloads/european_dirty_thirty_may_2007.pdf.

8. Clean Energy Wire, "State Secretary Baake. Last German Lignite Plant Likely to Be Switched Off Between 2040 and 2045," News Digest Item, October 20, 2016.

9. www.leag.de/en/business-fields/power-plants/.

10. Hubertus Altmann in Vattenfall, "Flexible and Indispensible: Lignite-Based Power Generation in the Energiewende," 2015, www.leag.de/fileadmin/user_upload/pdf.en/brosch_flexGen_en_final.pdf, 27.

11. Power Engineering, "Best Solar Project: GP Joule and Saferay's Solarpark Meuro in Germany," www.power-eng.com/articles/slideshow/2013/november/2012-projects-of-the-year/pg001.html.

12. www.power-technology.com/projects/-fantanele-cogealac-wind-farm/.

13. Production in 2013 was about 1,250 gigawatt-hours.

14. Average wind capacity factors vary widely from region to region and are generally increasing with new and more efficient technology, new sites in very windy regions, and an increasing fraction of offshore wind. Individual offshore wind farms in ideal locations are able to reach capacity factors as high as 50 percent (Anholt.1 in Denmark), while the global average wind capacity factor today is about 23 percent (using generation data from BP Statistical Review and capacity data from Global Wind Energy Council, both for 2016). GWEC uses 30 percent capacity factor as a future, post-2030, average. See GWEC, "Global Wind Energy Outlook, 2016." Fifteen 600 MW wind farms operating at 30 percent capacity factor could potentially supply the same total electricity over a year as Janschwalde (23 TWh/year).

15. Stanley Reed, "Power Prices Go Negative in Germany, a Positive for Consumers," *New York Times*, December 26, 2017, B3.
16. Calculated from national data on renewables production, mostly from grid operators.

제4장 | 더 깨끗한 에너지가 답이다

1. Ranked ninth in World Bank 2015 data, energy use per capita.
2. The perceived relative "energy efficiency" of certain developed nations may also be deceptive. Britain uses comparatively little energy per GDP, but this is mainly because a large fraction of its economy today is based on services rather than industry. Since British consumption of goods is not decreasing, it has simply outsourced its industrial production and, along with it, parts of its energy consumption and emissions, to China and other countries.
3. Steven Pinker, *Enlightenment Now: The Case for Reason, Science, Humanism, and Progress* (New York: Viking, 2018), 139. 142; Charles C. Mann, The Wizard and the Prophet: Two Remarkable Scientists and Their Dueling Visions to Shape Tomorrow's World (New York: Alfred A. Knopf, 2018), 339-347.
4. *Individual* lifestyle changes of high-.income environmentally conscious people unfortunately have relatively low impact on overall emissions. Research shows that "individuals with high pro-environmental self-identity intend to behave in an ecologically responsible way, but they typically emphasize actions that have relatively small ecological benefits." For instance, a detailed study of one thousand representative Germans finds that "energy use and carbon footprints were slightly higher among self-identified greenies." The primary determinant of a person's

actual ecological footprint is income, followed by geography (rural versus urban), socioeconomic indicators (age, education level), and household size. The variables that most predict carbon footprint are "per capita living space, energy used for household appliances, meat consumption (so going vegetarian does indeed have real climate impact!), car use, and vacation travel." From Stephanie Moser and Silke Kleinhuckelkotten, "Good Intents, but Low Impacts: Diverging Importance of Motivational and Socioeconomic Determinants Explaining Pro-environmental Behavior, Energy Use, and Carbon Footprint," *Environment and Behavior* (June 9, 2017).

5. David J. C. MacKay, *Sustainable Energy. Without the Hot Air* (Cambridge: UIT Cambridge, 2008), 68.

6. Kenneth Gillingham, David Rapson, and Gernot Wagner, "The Rebound Effect and Energy Efficiency Policy," *Review of Environmental Economics and Policy* 10, no. 1 (2016): 68-88.

7. Matt Piotrowski, "U.S. Shatters Record in Gasoline Consumption," February 28, 2017, http://energyfuse.org/u.s.shatters-record-gasoline-consumption/.

8. Shashank Bengali, "One Appliance Could Determine Whether India, and the World, Meet Climate Change Targets," *Los Angeles Times*, December 29, 2017.

9. International Energy Agency, *The Future of Cooling: Opportunities for Energy-Efficient Air Conditioning* (Paris: OECD/IEA, 2018), 59.

10. U.S. Energy Information Administration, "EIA Projects 48% Increase in Energy Consumption by 2040," May 12, 2016, www.eia.gov/todayinenergy/detail.php?id=26212.

11. The World Bank estimate for 2014 is 86 million (based on household surveys), while the International Energy Agency differs somewhat (based on utility connections). See World Bank, *Global Tracking Framework: Progress Toward Sustainable*

Energy, 2017, annex 2.1, www.worldbank.org/en/topic/energy/publication/global-tracking-framework-2017, 37; International Energy Agency, *World Energy Outlook, 2016* (Paris: OECD/IEA, 2016), 92. Population growth is currently about 83 million per year.

12. US Energy Information Administration, *International Energy Outlook, 2016* (Washington, DC: US Energy Information Administration, 2016), 81-82.

13. Gayathri Vaidyanathan, "Coal Trumps Solar in India," *Scientific American/ClimateWire*, October 19, 2015.

14. Government of India, National Institution for Transforming India (NITI Aayog), *India Three Year Action Agenda, 2017-18 to 2019-20* (August 2017), http://niti.gov.in/writereaddata/files/coop/India_ActionAgenda.pdf, 99.

15. John Asafu-Adjaye et al., "An Ecomodernist Manifesto," April 2015, www.ecomodernism.org.

16. IEA/OECD statistics for 2014, from World Bank database.

17. World Bank data.

18. Clyde Haberman, "The Unrealized Horrors of Population Explosion," *New York Times*, Retro Report (online), May 31, 2015; Mann, *Wizard and Prophet*, 165. 200; Gregg Easterbrook, *It's Better than It Looks: Reasons for Optimism in an Age of Fear* (New York: PublicAffairs, 2018), 3-11.

제5장 | 100퍼센트 재생에너지만으로는 불가

1. See, for example, https://environmentmassachusettscenter.org/programs/azc/100-renewable-energy.

2. David J. C. MacKay, *Sustainable Energy. Without the Hot Air* (Cambridge: UIT

Cambridge, 2008).

3. Eduardo Porter, "Why Slashing Nuclear Power May Backfire," *New York Times*, November 8, 2017, B1; Frankfurt School. UNEP Collaborating Centre / Bloomberg New Energy Finance, *Global Trends in Renewable Energy Investment, 2018* (Frankfurt am Main: Frankfurt School of Finance & Management, 2018).

4. Junji Cao et al., "China.U.S. Cooperation to Advance Nuclear Power," Science 353, no. 6299 (2016): 548. A critique of this article.Amory B. Lovins et al., "Relative Deployment Rates of Renewable and Nuclear Power: A Cautionary Tale of Two Metrics," *Energy Research & Social Science* 38 (2018): 188-192. contains a factor.of.ten error in the growth rate of nuclear power that negates the critique's conclusion.

5. Rauli Partanen and Janne M. Korhonen, *Climate Gamble: Is Anti-nuclear Activism Endangering Our Future?*, 3rd ed. (n.p.: CreateSpace, 2017), 34-35 (from Finnish edition, Janne M. Korhonen and Rauli Partanen, *Uhkapeli Ilmastolla* [Communications Agency CRE8 Oy, 2015]).

6. One-quarter of the 130 new TWh per year referenced in the last chapter.

7. US Energy Information Administration, "Chinese Coal-Fired Electricity Generation Expected to Flatten as Mix Shifts to Renewables," September 27, 2017, www.eia.gov/todayinenergy/detail .php?id=33092.

8. "BP Statistical Review of World Energy," June 2017, www.bp.com/content/dam/bp/en/corporate/pdf/energy-economics/statistical-review-2017/bp.statistical-review-of-world-energy-2017-full-report.pdf. These numbers have been adjusted to account for the fact that solar and wind produce electricity directly, not through the conversion of heat: "The primary energy . . . from renewable sources [has] been derived by calculating the equivalent amount of fossil fuel required to generate the same volume of electricity in a thermal power station, assuming a conversion efficiency of 38% (the average for OECD thermal

power generation).” Without this adjustment, renewables’ share would be even lower.

9. “Requiem for a River: Can One of the World’s Great Waterways Survive Its Development?,” *Economist* (2017), www.economist .com/news/essays/21689225-can-one-world.s.great-waterways-survive-its-development.

10. BBC News, “Laos Dam Collapse: Many Feared Dead as Floods Hit Villages,” July 24, 2018, www.bbc.co.uk/news/world-asia-h44935495.

11. European Wind Power Association and European Commission, “Wind Energy: The Facts,” 2009, www.wind-energy-the-facts.org, 219; Erik Magnusson, “Lillgrund ger agarna stora forluster,” *Sydsvenskan*, January 23, 2017.

12. “Lazard’s Levelized Cost of Energy Analysis. Version 11.0,” November 2017, www.lazard.com/media/450337/lazard-levelized-cost-of-energy-version-110.pdf, 2-3.

13. Eva Topham and David McMillan, “Sustainable Decommissioning of an Offshore Wind Farm,” *Renewable Energy* 102, no. B (2017): 470-480.

14. www.dongenergy.co.uk/news/press-.releases/articles/dong-energy-awarded-contract-to-build-worlds-biggest-offshore-wind-farm; www.morayoffshore.com/moray-east/the-project/. More problematically, the lower wind price sparked demands to cancel Britain’s new nuclear plant. See “Nuclear Plans ‘Should Be Rethought After Fall in Offshore Windfarm Costs,’ ” *Guardian*, September 11, 2017. See also UK Government, Department of Energy and Climate Change, “Investing in Renewable Technologies: CfD Contract Terms and Strike Prices,” December 2013, www.gov.uk/government/publications/investing.in.renewable -technologies-cfd-contract-terms-and-strike-prices, 7; and Partanen and Korhonen, *Climate Gamble*, 88.

15. Mark Harrington, “Wind Farm’s Long-Term Cost Will Be High for Power

Projects," *Newsday*, February 19, 2017; Diane Cardwell, "Way Is Cleared for Largest U.S. Offshore Wind Farm," *New York Times*, January 26, 2017, B3.

16. Peter Fairley, "Why China's Wind Energy Underperforms," *IEEE Spectrum* (May 23, 2016).

17. www.electricitymap.org/?wind=false&solar=true.

18. Ivan Penn, "California Invested Heavily in Solar Power. Now There's So Much That Other States Are Sometimes Paid to Take It," *Los Angeles Times*, June 22, 2017.

19. Ivan Penn, "Solar Power to Be Required for New Homes in California," *New York Times*, May 10, 2018, B10.

20. Pilita Clark, "Renewables Overtake Coal as World's Largest Source of Power Capacity," *Financial Times*, October 25, 2016.

21. US Energy Information Agency, "Levelized Cost and Levelized Avoided Cost of New Generation Resources in the Annual Energy Outlook, 2017, April 2017, www.eia.gov/outlooks/aeo/pdf/electricity_generation.pdf, 7.

22. Peter Maloney, "How Can Tucson Get Solar + Storage for 4.5¢/kWh?," Utility Dive, May 30, 2017, www.utilitydive.com/news/how-can-tucson-electric-get-solar-storage-for-45kwh/443715/.

23. "Lazard's Levelized Cost of Energy Analysis," 2. 3.

24. Varun Sivaram, *Taming the Sun: Innovations to Harness Solar Energy and Power the Planet* (Cambridge, MA: MIT Press, 2018).

25. Ibid., 73.

26. Electricitymap.org/.

27. Sivaram, *Taming the Sun*, 56-57, 78.

28. Ibid., 76.

29. Ibid.

30. Ibid., 64; Michael Shellenberg; "If Solar and Wind Are So Cheap, Why Are They Making Electricity So Expensive?," *Forbes*, April 23, 2018.
31. Costs are dropping toward around $340 to store 1 kWh. O. Schmidt et al., "The Future Cost of Electrical Energy Storage Based on Experience Rates," *Nature Energy* 2 (July 10, 2017). An installed Tesla Powerwall is almost double that cost, about $563/kWh. www.tesla.com/powerwall. (That's $6,200 equipment cost plus "$800 to $2,000" for installation, for 13.5 kWh.)
32. "Lazard's Levelized Cost of Storage Analysis, Version 3.0," November 2017, www.lazard.com/perspective/levelized-cost-of-storage-2017/, 12.
33. From about 4.5 cents/kWh to 8.2 cents. Ibid., 2.
34. *BP Statistical Review*, 2017, 46.
35. Brett Cuthbertson and Will Howard, "Backing Up the Planet. World Energy Storage," Office of the Chief Scientist, Australian Government, www.chiefscientist.gov.au/wp.content/uploads/Battery-storage-FINAL.pdf.
36. Geoffrey Smith, "Bill Gates Is Doubling His Billion-Dollar Bet on Renewables," *Fortune*, June 26, 2015.
37. "Lazard's Levelized Cost of Energy."
38. Mark Z. Jacobson et al., "Low-Cost Solution to the Grid Reliability Problem with 100% Penetration of Intermittent Wind, Water, and Solar for All Purposes," *Proceedings of the National Academy of Sciences* 112, no. 49 (2015): 15060-15065.
39. Mark Z. Jacobson et al., "100% Clean and Renewable Wind, Water, and Sunlight All-Sector Energy Roadmaps for 139 Countries of the World," *Joule* 1, no. 1 (2017): 108-121.
40. Christopher T. Clack et al., "Evaluation of a Proposal for Reliable Low-.Cost Grid Power with 100% Wind, Water, and Solar," *Proceedings of the National Academy of Sciences* 114, no. 26 (2017): 6722-6727; Eduardo Porter, "Traditional Sources of

Energy Have Role in Renewable Future," *New York Times*, June 21, 2017, B1.

41. www.nytimes.com/interactive/2017/08/29/opinion/climate-change-carbon-budget.html.

42. Sanghyun Hong, Staffan Qvist, and Barry W. Brook, "Economic and Environmental Costs of Replacing Nuclear Fission with Solar and Wind Energy in Sweden," Energy Policy 112 (January 2018): 56-66.

43. Swedish Television, "Misslyckat projekt med sol-och vindkraft i Simris," 2018, www.svt.se/nyheter/lokalt/skane/misslyckat-projekt-med-sol-och-vindkraft.i.simris. The Simris microgrid performance can be seen live here: www.eon.se/om.e.on/innovation/lokala-energisystem/direkt-fran-simris.html. As of March 12, 2018, 83 percent of Simris electricity has been supplied by the national electricity grid and 17 percent from the renewable microgrid itself.

44. Johan Aspegren, head of communications, EON. See also Swedish Television, "Misslyckat projekt med sol-och vindkraft i Simris."

45. According to the Swedish state utility Vattenfall, the lowest life-cycle-emission sources in Sweden are nuclear power and hydroelectric. They make up more than 80 percent of the national grid production but none of the Simris microgrid production.

46. Paul Hawken et al., *Drawdown: The Most Comprehensive Plan Ever Proposed to Reverse Global Warming* (New York: Penguin, 2017), 220.

47. Ibid., 21.

48. Pew Research Center, Spring 2015 Global Attitudes Survey, question 84.

49. *International Renewable Energy Agency, Renewable Power Generation Costs in 2017* (Abu Dhabi: IRENA, 2018).

제6장 | 메탄도 화석연료

1. See www.uniongas.com/about.us/about-.natural-.gas/Chemical-.Composition.of.Natural-Gas.

2. Keith Bradsher, "Even Spandex Is Hit by an Energy Squeeze," *New York Times*, December 13, 2017, B2.

3. Steven Lee Meyers, "In China's Coal Country, Shivering for Cleaner Air," *New York Times*, February 11, 2018, A5.

4. Nicholas Kawa, "Gas Leaks Can't Be Tamed," *Atlantic*, September 18, 2015.

5. Robert W. Howarth, "A Bridge to Nowhere: Methane Emissions and the Greenhouse Gas Footprint of Natural Gas," *Energy Science & Engineering* 2, no. 2 (2014): 47-60; Gayathri Vaidyanathan, "How Bad of a Greenhouse Gas Is Methane?," *Scientific American* (December 22, 2015).

6. P. J. Gerber et al., *Tackling Climate Change Through Livestock: A Global Assessment of Emissions and Mitigation Opportunities* (Rome: Food and Agriculture Organization of the United Nations, 2013); Matthew J. Vucko et al., "The Effects of Processing on the In Vitro Antimethanogenic Capacity and Concentration of Secondary Metabolites of *Asparagopsis taxiformis,*" *Journal of Applied Phycology* 29, no. 3 (2017): 1577-1586.

7. M. Saunois et al., "The Growing Role of Methane in Anthropogenic Climate Change," *Environmental Research Letters* 11 (2016): 120207; Stefan Schwietzke et al., "Upward Revision of Global Fossil Fuel Methane Emissions Based on Isotope Database," *Nature* (October 6, 2016).

8. www.aljazeera.com/news/2017/10/blast-gas-station-rocks-ghana-capital-accra-171007211009348. html.

제7장 | 원자력, 가장 안전한 에너지

1. Associated Press, "Onagawa: Japanese Tsunami Town Where Nuclear Plant Is the Safest Place," *Guardian*, March 30, 2011.

2. "The results suggest that . . . it was not advisable to relocate any of the 162,700 actually relocated. This is because the inhabitants' gain in life expectancy, even in the most contaminated settlements . . . would have been insufficient to balance the fall in their life quality index caused by their notional payment of the costs of relocation." I. Waddington et al., "J.Value Assessment of Relocation Measures Following the Nuclear Power Plant Accidents at Chernobyl and Fukushima Daiichi," *Process Safety and Environmental Protection* 112 (2017): 35.

3. Koichi Tanigawa et al., "Loss of Life After Evacuation: Lessons Learned from the Fukushima Accident," *Lancet* 379 (March 10, 2012): 889-891.

4. A. Hasegawa et al., "Emergency Responses and Health Consequences After the Fukushima Accident: Evacuation and Relocation," *Clinical Oncology* 228 (2016): 237-244; Yuriko Suzuki et al., "Psychological Distress and the Perception of Radiation Risks: The Fukushima Health Management Survey," *Bulletin of the World Health Organization* 93 (2015): 598-605.

5. Hasegawa et al., "Emergency Responses and Health Consequences," 241.

6. Seth Baum, "Japan Should Restart More Nuclear Power Plants," *Bulletin of the Atomic Scientists* (October 20, 2015).

7. Lost nuclear generation in Japan and Germany after 2011 was about 400 TWh per year. In Japan about 21 percent of the lost nuclear power was replaced with coal and another 14 percent with oil. See www.enecho.meti.go.jp/en/category/brochures/pdf/japan_energy_2016.pdf. Death estimates are based on the formula in Staffan A. Qvist and Barry W. Brook, "Environmental and Health Impacts of a

Policy to Phase Out Nuclear Power in Sweden," *Energy Policy* 84 (2015): 1-10. See also Mari Iwata, "Japan's Answer to Fukushima: Coal Power," Wall Street Journal, March 27, 2014; and Edson Severnini, "Impacts of Nuclear Plant Shutdown on Coal-Fired Power Generation and Infant Health in the Tennessee Valley in the 1980s," *Nature Energy* 2 (2017), article no. 17051.

8. David Ropeik, "The Dangers of Radiophobia," *Bulletin of the Atomic Scientists* 72, no. 5 (2016): 311-317.

9. The Chernobyl Forum (International Atomic Energy Agency et al.), *Chernobyl's Legacy: Health, Environmental, and Socio/Economic Impacts*, rev. ed. (Vienna: IAEA, 2006), 8.

10. Colin Barras, "The Chernobyl Exclusion Zone Is Arguably a Nature Preserve," BBC, April 22, 2016.

11. The number of justifiable evacuations is estimated at 9 percent to 22 percent of those actually evacuated. See Waddington et al., "J.Value Assessment of Relocation Measures."

12. Extrapolated from Gwyneth Cravens, *Power to Save the World: The Truth About Nuclear Energy* (New York: Vintage, 2007), 140-141.

13. Sammy Fretwell, "Santee Cooper Will Be Awash in Excess Power If SC Nuke Project Is Completed," State, July 19, 2017; Mark Nelson and Michael Light, "New South Carolina Nuclear Plant Would Cut Coal Use by 86%, New Analysis Finds," *Environmental Progress* (July 31, 2017).

14. "Nearly Completed Nuclear Plant Will Be Converted to Burn Coal," *New York Times*, January 2, 1984.

15. International Energy Agency, "Tracking Progress: Coal-Fired Power," 2017, www.iea.org/etp/tracking2017/coal-firedpower/.

16. Coal deaths for Europe are the average of estimates for lignite (the majority of

coal in Europe), at thirty-three deaths per TWh and hard coal at twenty-five. The comprehensive European Union study ExternE is summarized in Anil Markandya and Paul Wilkinson, "Electricity Generation and Health," *Lancet* 370 (September 13, 2007): 979-990. The China estimate is from Eliasson Baldur and Yam Y. Lee, eds., *Integrated Assessment of Sustainable Energy Systems in China* (Dordrecht, Netherlands: Kluwer, 2003).

17. Duane W. Gang, "Five Years After Coal Ash Spill, Little Has Changed," *USA Today*, December 22, 2013.

18. www.greenpeace.org/archive-international/en/news/features/coal-ash-spills-expose-more-of/.

19. See note 16.

20. Extrapolated to 2017 from P. A. Kharecha and J. E. Hansen, "Prevented Mortality and Greenhouse Gas Emissions from Historical and Projected Nuclear Power," *Environmental Science & Technology* 47 (2013): 4889-4895.

21. Markandya and Wilkinson, "Electricity Generation and Health."

22. Ibid.

23. www.sfgate.com/news/article/Biggest-dam-failures-in-U.S-history-10928774.php.

24. David A. Graham, "How Did the Oroville Dam Crisis Get So Dire?," Atlantic, February 13, 2017; Mike James, "Tens of Thousands Evacuated amid Failing Dam Crisis in Puerto Rico," *USA Today*, September 22, 2017.

25. Gloria Goodale, "Nuclear Radiation in Pop Culture: More Giant Lizards than Real Science," *Christian Science Monitor*, March 30, 2011.

26. Cravens, Power to Save the World, 72-73; Bruno Comby, *Environmentalists for Nuclear Energy* (1994; English translation, Paris: TNR Editions, 2001), 231-233.

27. M. Ghiassi-Nejad et al., "Very High Background Radiation Areas of Ramsar,

Iran: Preliminary Biological Studies," *Health Physics* 82, no. 1 (2002): 87-93.
28. Cravens, *Power to Save the World*, 98.
29. Public Health England, "Ionising Radiation: Dose Comparisons," March 18, 2011, www.gov.uk/government/publications/ionising-radiation-dose-comparisons/ ionising-radiation-dose-comparisons.
30. Cravens, *Power to Save the World*, 73.
31. Public Health England, "Ionising Radiation: Dose Comparisons."
32. A. D. Wrixon, "New ICRP Recommendations," *Journal of Radiological Protection* 28, no. 2 (2008): 161-168.
33. World Health Organization, *Health Risk Assessment from the Nuclear Accident After the 2011 Great East Japan Earthquake and Tsunami, Based on a Preliminary Dose Estimation* (Geneva: WHO, 2013).
34. L. E. Feinendegen, "Evidence for Beneficial Low Level Radiation Effects and Radiation Hormesis," *British Journal of Radiology* 78, no. 925 (2005): 3-7.
35. Angela R. McLean et al., "A Restatement of the Natural Science Evidence Base Concerning the Health Effects of Low-.Level Ionizing Radiation," *Proceedings of the Royal Society B: Biological Sciences* (September 13, 2017); M. P. Little et al., "Risks Associated with Low Doses and Low Dose Rates of Ionizing Radiation: Why Linearity May Be (Almost) the Best We Can Do," *Radiology* 251 (2009): 6-12; M. Tubiana et al., "The Linear No.Threshold Relationship Is Inconsistent with Radiation Biologic and Experimental Data," *Radiology* 251 (2009): 13-22.
36. www.icrp.org/icrpaedia/effects.asp.
37. www.grandcentralterminal.com/about. The figure of 750,000 for twenty minutes each is equivalent to 10,000 around the clock, which delivers 50,000 mSv per year in the aggregate at 5 mSv per year. With 1 percent cancer death risk for each 200 mSv (ICRP), the result is 2.5 fatalities yearly.

38. World Health Organization, *Health Risk Assessment*, 32, 59, 56.
39. Cravens, *Power to Save the World*, 228-229, 235; Nuclear Energy Institute, *Deterring Terrorism: Aircraft Crash Impact Analyses Demonstrate Nuclear Power Plant's Structural Strength* (Washington, DC: Nuclear Energy Institute, 2002).

제8장 | 위험과 두려움의 차이

1. David Ropeik, *How Risky Is It, Really? Why Our Fears Don't Always Match the Facts* (New York: McGraw-Hill, 2010); Steven Pinker, *The Better Angels of Our Nature: Why Violence Has Declined* (New York: Viking, 2011), 345-346.
2. Amos Tversky and Daniel Kahneman, "Availability: A Heuristic for Judging Frequency and Probability," *Cognitive Psychology* 5, no. 2 (1973): 207-232; Spencer R. Weart, *The Rise of Nuclear Fear* (Cambridge, MA: Harvard University Press, 2012).
3. G. Gigerenzer, "Dread Risk, September 11, and Fatal Traffic Accidents," *Psychological Science* 15, no. 4 (2004): 286-287.
4. Yoshitake Takebayashi et al., "Risk Perception and Anxiety Regarding Radiation After the 2011 Fukushima Nuclear Power Plant Accident: A Systematic Qualitative Review," *International Journal of Environmental Research and Public Health* 14, no. 11 (2017): 1306.
5. Robert Jay Lifton, "Beyond Psychic Numbing: A Call to Awareness," *American Journal of Orthopsychiatry* 52, no. 4 (1982): 619-629.
6. Similarly, more scientific information about climate change does little to change people's biases. See Dan M. Kahan et al., "The Polarizing Impact of Science Literacy and Numeracy on Perceived Climate Change Risks," *Nature Climate Change* 2 (October 2012): 732. 735; Ezra Klein, "How Politics Makes Us Stupid," Vox,

April 6, 2014.

7. Paul Slovic, "Perception of Risk," *Science* 236 (April 17, 1987): 280-285.

8. Paul Slovic, Baruch Fischhoff, and Sarah Lichtenstein, "Facts and Fears: Societal Perception of Risk," *Advances in Consumer Research* 8 (1981): 497-502.

9. Weart, *Rise of Nuclear Fear*, 188-189.

10. Andrew Newman, "The Persistence of the Radioactive Bogeyman," Bulletin of the Atomic Scientists 23 (October 2017).

11. David Ropeik, "The Rise of Nuclear Fear. How We Learned to Fear the Radiation," Scientific American blog, June 15, 2012.

12. See, for example, the photo of a demonstration against nuclear power illustrating an unrelated article about nuclear weapons: Max Fisher, "European Nuclear Weapons Program Would Be Legal, German Review Finds," *New York Times*, July 5, 2017.

13. There are many examples of the same phenomena; the *Titanic* did not end the operation of passenger ships.

14. "No New Record-Low for Road Deaths in Sweden," *Local*, January 9, 2017, www.thelocal.se/20170109/no.new-record-low-for-road-deaths-in-sweden; "Why Sweden Has So Few Road Deaths," *Economist*, February 26, 2014.

15. Reynold Bartel, Thomas Wellock, and Robert J. Budnitz, "WASH-1400, the Reactor Safety Study," Technical Report NUREG/KM.0010, U.S. Nuclear Regulatory Commission, August 2016.

16. "Scientists Criticize U.S. on Nuclear Safety Data," *New York Times*, November 18, 1977.

17. Weinberg, Alvin M. Weinberg, "A Nuclear Power Advocate Reflects on Chernobyl. ," *Bulletin of the Atomic Scientists* (August. September 1986): 57-60.

제9장 | 핵폐기물 처리

1. Both coal and nuclear data from Gwyneth Cravens, *Power to Save the World: The Truth About Nuclear Energy* (New York: Alfred A. Knopf, 2007), 9.

2. See SKB.com.

3. It gained a critical, though not final, regulatory approval in 2018. Swedish Radiation Safety Authority, "Swedish Radiation Safety Authority Issues Pronouncement on Final Disposal," January 23, 2018, www.stralsakerhetsmyndigheten.se/en/press/news/2018/swedish-radiation-safety-authority-issues-pronouncement-on-final-disposal/.

4. http://posiva.fi/en; Elizabeth Gibney, "Why Finland Now Leads the World in Nuclear Waste Storage," *Nature* (December 2, 2015); "To the Next Ice Age and Beyond," *Economist* (April 15, 2017).

5. Rauli Partanen and Janne M. Korhonen, *Climate Gamble: Is Anti-nuclear Activism Endangering Our Future?*, 3rd ed. (n.p.: CreateSpace, 2017), 64-66.

6. Swedish Radio, "Slutforvar under Ronnskarsverken," 2017, http://sverigesradio.se/sida/artikel.aspx?programid=1650&artikel=6660810.

7. Boliden initially fought against the requirement to even store this material underground at all, saying that the "cost is not in proportion to the environmental benefits." Ny Teknik, "Boliden tar strid mot regeringen om kvicksilvret," 2003, www.nyteknik.se/digitalisering/boliden-tar-strid-mot-regeringen-om-kvicksilvret-6448341.

8. SKB, "Ny kostnadsberakning for hanteringen av karnavfallet," 2017, www.skb.se/nyheter/ny.kostnadsberakning-for-hanteringen-av-det-svenska-karnavfallet/.

9. www.andra.fr/international/.

10. http://nuclearsafety.gc.ca/eng/waste/high-level-waste/index.cfm; www.nwmo.

ca/.
11. Extrapolated by ten years from Cravens, *Power to Save the World*, 269.
12. "Put Yucca Mountain to Work: The Nation Needs It" (editorial), *Washington Post*, July 15, 2017.
13. Ralph Vartabedian, "Nuclear Accident in New Mexico Ranks Among the Costliest in U.S. History," *Los Angeles Times*, August 22, 2016.
14. Cravens, *Power to Save the World*, 280-285.
15. www.nrc.gov/waste/spent-fuel-storage/faqs.html.
16. No health effects have resulted from the very rare minor accidents that have occurred. Kevin J. Connolly and Ronald B. Pope, "A Historical Review of the Safe Transport of Spent Nuclear Fuel," U.S. Department of Energy, August 31, 2016, FCRD-NFST-2016-000474, Rev. 1.

제10장 | 핵무기 확산 방지

1. Isotopes are variants of chemical elements with different numbers of neutrons. Uranium in nature mostly has a large nucleus with 238 neutrons and protons (U238), but less than 1 percent is the isotope U235, with three fewer neutrons, which is much more likely to fission and allow a chain reaction.
2. William J. Broad, "From Warheads to Cheap Energy," *New York Times*, January 8, 2014, D1.
3. World Nuclear Association, "Military Warheads as a Source of Nuclear Fuel," updated February 2017, www.world-nuclear.org/information-library/nuclear-fuel-cycle/uranium-resources/military-warheads-as-a-source-of-nuclear-fuel. aspx.
4. Cravens, *Power to Save the World*, 148-152.

5. William C. Sailor et al., "A Nuclear Solution to Climate Change?," Science 288 (May 2000): 1178.

6. Nicholas L. Miller, "Why Nuclear Energy Programs Rarely Lead to Proliferation," *International Security* 42, no. 2 (2017): 40-77.

7. Byung-koo Kim, *Nuclear Silk Road: The Koreanization of Nuclear Power Technology* (n.p.: CreateSpace, 2011).

8. Robert H. Socolow and Alexander Glaser, "Balancing Risks: Nuclear Energy and Climate Change," *Dædalus* (Fall 2009): 31. 44. See also Steven E. Miller and Scott D. Sagan, "Nuclear Power Without Nuclear Proliferation" (special issue introduction), Dædalus (Fall 2009): 7-18.

9. www.nytimes.com/interactive/2015/03/31/world/middleeast/simple-guide-nuclear-talks-iran-us-html.

10. www.iaea.org/sites/default/files/the-iaea-leu-bank. pdf; Mariya Gordeyeva, "U.N. Nuclear Watchdog to Open Uranium Bank that May Have No Clients," Reuters, July 11, 2017.

11. Daniel B. Poneman, "The Case for American Nuclear Leadership," Bulletin of the Atomic Scientists 73, no. 1 (2017): 44-47.

12. www.world-nuclear.org/information-library/non-power-nuclear-applications/transport/nuclear-powered-ships.aspx.

13. Lower-.scale or shorter armed conflicts (or both) between states, such as Russia-Georgia and Russia-Ukraine in recent years, do occur but are far less lethal than the sustained, high-level interstate wars of the past.

제11장 | 원자력발전소 확대

1. Richard K. Lester and Robert Rosner, “The Growth of Nuclear Power: Drivers and Constraints,” *Dædalus* (Fall 2009):19-30.

2. The nuclear production of 800 TWh/year is 57 percent of the nonfossil electricity. Reactor total is for February 2018.

3. www.nei.org/Knowledge-.Center/Nuclear-.Statistics/World-.Statistics/World-Nuclear-Generation-and-Capacity; www.eia.gov/tools/faqs/faq.php?id=427&t=3.

4. Ann S. Bisconti, “Public Opinion on Nuclear Energy: What Influences It,” *Bulletin of the Atomic Scientists* (April 27, 2016); Demoskop [polling company], “Rapport: Attityder till karnkraften Ringhals,” Vattenfall [utility], November 5, 2017, 14, https://corporate.vattenfall.se/globalassets/sverige/nyheter/attityder_till _ringhals_2010.pdf_16643410.pdf .

5. Bisconti, “Public Opinion on Nuclear Energy.”

6. Nuclear Energy Institute, “Nuclear Power Plant Neighbors Accept Potential for New Reactor Near Them by Margin of 3 to 1,” October 12, 2005, www.prnewswire.com/news-releases/nuclear-power-plant-neighbors-accept-potential-for-new-reactor-near-them-by-margin-of-3-to-1-55167507.html. However, the opposite may be true of planned plants, at least in China. See Yue Guo and Tao Ren, “When It Is Unfamiliar to Me: Local Acceptance of Planned Nuclear Power Plants in China in the Post-Fukushima Era,” *Energy Policy* 100 (2017): 113-125.

7. Robert Surbrug, *Beyond Vietnam: The Politics of Protest in Massachusetts*, 1974-1990 (Amherst: University of Massachusetts Press, 2009), 19-98.

8. Report to Vermont Department of Public Service on Vermont Yankee License Renewal, www.leg.state.vt.us/jfo/envy/7440%20 Alternatives%20Report.pdf, Chapter 12, 4.

9. James Conca, "Who Told Vermont to Be Stupid?," Forbes (September 1, 2013); Scott DiSavino, "Massachusetts OK's Cape Wind / NSTAR Power Purchase Pact," Reuters, November 26, 2012.

10. Roger H. Bezdek and Robert M. Wendling, "A Half Century of US Government Energy Incentives: Value, Distribution, and Policy Implications," *International Journal of Global Energy Issues* 27, no. 1 (2007): 42-60, esp. 43. Of the nuclear power support, 96 percent was for research and development, whereas for fossil fuels only 8 percent was for R&D, with most of the rest being giveaways making operations cheaper. The limited support for renewables before 2003 was split between R&D and operations.

11. Jack (Anthony) Gierzynski, *The Vermont Legislative Research Service: Federal and Vermont State Subsidies for Renewable Energy* (Burlington: University of Vermont, 2016).

12. Bob Salsberg, "Massachusetts Taps Northern Pass for Hydropower Project," AP News, January 25, 2018; Michael Cousineau, "Northern Pass 'Shocked and Outraged' by Application Denial," *New Hampshire Union Leader*, February 1, 2018.

13. Vamsi Chadalavada, *Cold Weather Operations: December 24, 2017-January 8, 2018* (ISO New England [grid operator], January 16, 2018), www.iso.ne.com/static-assets/ documents/2018/01/ 20180112_cold_weather_ops_npc.pdf.

14. Energy Information Administration data: www.eia.gov/state/print.php?sid=MA.

15. Mary C. Serreze, "Closure of Vermont Yankee Nuclear Plant Boosted Greenhouse Gas Emissions in New England," *Republican*, February 18, 2017, www.masslive.com/news/index.ssf/2017/02/report_closure_of_vermont_yank.html.

16. Electricity costs rose by $350 million and carbon emissions rose by 10 million tons. Lucas Davis and Catherine Hausman, "Market Impacts of a Nuclear Power

Plant Closure," *American Economic Journal: Applied Economics* 8, no. 2 (2016): 120.
17. "Joint Proposal of Pacific Gas and Electric Company, Friends of the Earth, . . . to Retire Diablo Canyon Nuclear Power Plant," www.pge.com/includes/docs/pdfs/safety/dcpp/JointProposal.pdf.
18. Gwyneth Cravens, *Power to Save the World: The Truth About Nuclear Energy* (New York: Vintage, 2007), 247.
19. Rachel Becker, "New York City's Closest Nuclear Power Plant Will Close in Five Years," *Verge*, January 9, 2017.
20. Geoffrey Haratyk, "Early Nuclear Retirements in Deregulated U.S. Markets: Causes, Implications and Policy Options," Energy Policy 110 (2017): 150-166; Devashree Saha, "Nuclear Power and the U.S. Transition to a Low-Carbon Energy Future," Council of State Governments, July 7, 2017, knowledgecenter.csg.org/kc/content/nuclear-power-and-us-transition-low-carbon-energy-future.
21. World Nuclear Association, "Nuclear Power in Japan," May 24, 2017, www.world-nuclear.org.
22. These fossil imports drain the Japanese economy of at least $35 billion every year.
23. Geert De Clercq and Michel Rose, "France Postpones Target for Cutting Nuclear Share of Power Production," Reuters, November 7, 2017.
24. Meanwhile, in 2017, voters in Switzerland decided to ban new nuclear reactors but keep four existing reactors running (a fifth will close in 2019), while investing heavily in renewables. Michael Shields and John Miller, "Swiss Voters Embrace Shift to Renewable Energy," Reuters, May 21, 2017.
25. Byung-koo Kim, *Nuclear Silk Road: The Koreanization of Nuclear Power Technology* (n.p.: CreateSpace, 2011). See especially Chapter 9 on standardization. World Nuclear Association, "Nuclear Power in South Korea," updated February 2017,

www.world-nuclear.org.
26. Michael Shellenberger, "Greenpeace's Dirty War on Clean Energy, Part I: South Korean Version," *Environmental Progress* (July 25, 2017).
27. Sang-hun Choe, "In Reversal, South Korean President Will Support Construction of 2 Nuclear Plants," New York Times, October 21, 2017, A4.
28. Michael Shellenberger et al., "The High Cost of Fear: Understanding the Costs and Causes of South Korea's Proposed Nuclear Energy Phase-Out," *Environmental Progress* (August 2017).
29. Darrell Proctor, "Ringhals Delivers Record Output Despite Tough Economics," *Power* (November 2, 2017).
30. Sanghyun Hong, Staffan Qvist, and Barry W. Brook, "Economic and Environmental Costs of Replacing Nuclear Fission with Solar and Wind Energy in Sweden," *Energy Policy* 112 (January 2018): 56-66. See also F. Wagner and E. Rachlew, "Study on a Hypothetical Replacement of Nuclear Electricity by Wind Power in Sweden," *European Physical Journal Plus* 131 (2016): 173; and Staffan A. Qvist and Barry W. Brook, "Environmental and Health Impacts of a Policy to Phase Out Nuclear Power in Sweden," *Energy Policy* 84 (2015): 1-10.

제12장 | 차세대 원전 기술

1. The 1.2 GW VVER-1200.
2. Jessica Lovering, Loren King, and Ted Nordhaus, *How to Make Nuclear Innovative: Lessons from Other Advanced Industries*, Breakthrough Institute, March 2017, https://thebreakthrough.org/images/pdfs/How_to_Make_Nuclear_Innovative.pdf; Mark Lynas, *Nuclear 2.0: Why a Green Future Needs Nuclear Power*(Cambridge: UIT

Cambridge, 2014), 61-73; Richard K. Lester, "A Roadmap for U.S. Nuclear Energy Innovation," *Issues in Science and Technology* (Winter 2016): 45; Elisabeth Eaves, "Can North America's Advanced Nuclear Reactor Companies Help Save the Planet?," *Bulletin of the Atomic Scientists* 73, no. 1 (2017): 27-37.

3. Richard K. Lester, "A Roadmap for U.S. Nuclear Energy Innovation," *Issues in Science and Technology* (Winter 2016): 48.

4. Bill Gates, "Innovating to Zero!," TEDtalk, February 2010, www.ted.com/talks/bill_gates; Jason Pontin, "Q&A: Bill Gates," *Technology Review* (April 25, 2016).

5. Actually, the revised design essentially moves the fuel through a stationary wave. John Gilleland, Robert Petroski, and Kevan Weaver, "The Traveling Wave Reactor: Design and Development," *Engineering* 2, no. 1 (2016): 88-96.

6. Stephen Stapczynski, "Nuclear Experts Head to China to Test Experimental Reactors," *Bloomberg Technology* (September 21, 2017).

7. Richard Martin, *Superfuel: Thorium, the Green Energy Source for the Future* (New York: St. Martin's, 2012).

8. See lftrnow.com; thorconpower.com; and Robert Hargraves, *Thorium: Energy Cheaper than Coal* (n.p.: CreateSpace, 2012).

9. J. Buongiorno et al., "The Offshore Floating Nuclear Plant Concept," *Nuclear Technology* 194, no. 1 (2016): 1-14.

10. Eric Ingersoll, personal communication, May 2018.

11. Dan Ariely, *Predictably Irrational: The Hidden Forces That Shape Our Decisions*, rev. ed. (New York: Harper, 2009), 1-22.

12. On bipartisan support for the Nuclear Energy Innovation and Modernization Act, see www.epw.senate.gov/public/index.cfm/neima.

13. iter.org/newline/-/2837.

14. Lev Grossman, "Fusion: Unlimited Energy. For Everyone. Forever," *Time*,

November 2, 2015, 32-39. See also generalfusion.com.
15. Ashley E. Finan, "Strategies for Advanced Reactor Licensing," Nuclear Innovation Alliance, April 2016, www.nuclearinnova tionalliance.org/advanced-reactor-licensing.
16. David Keith et al., "Stratospheric Solar Geoengineering Without Ozone Loss," *Proceedings of the National Academy of Sciences* 113, no. 52 (2016): 14910-14914; James Temple, "The Growing Case for Geoengineering," Technology Review 120, no. 3 (2017): 28-33.
17. Janos Pasztor, "Cooling-Off Period," *Technology Review* 120, no. 3 (2017): 10; James Temple, "China Builds One of the World's Largest Geoengineering Research Programs," *Technology Review* (August 2, 2017).
18. David Keith, *A Case for Climate Engineering* (Cambridge, MA: MIT Press, 2013).
19. www8.nationalacademies.org/onpinews/newsitem.aspx?Record ID=02102015.
20. James Temple, "Potential Carbon Capture Game Changer Nears Completion," *Technology Review* (August 30, 2017).

제13장 | 중국, 러시아, 인도

1. www.world-nuclear.org/information-library/current-and-future-generation/nuclear-power-in-the-world-today.aspx.
2. Edward Wong, "Coal Plants Threaten China's Climate Efforts," *New York Times*, February 8, 2017, A8.
3. Hiroko Tabuchi, "As Beijing Joins Climate Fight, Chinese Companies Build Coal Plants," *New York Times*, July 2, 2017, A10.
4. Junji Cao et al., "China.U.S. Cooperation to Advance Nuclear Power," Science

353, no. 6299 (2016): 547-548.

5. Jessica R. Lovering, Arthur Yip, and Ted Nordhaus, "Historical Construction Costs of Global Nuclear Power Reactors," *Energy Policy* 91 (April 2016): 371-382. For critical responses, see *Energy Policy* 102 (March 2017): 640-649.

6. International Energy Agency and OECD Nuclear Energy Agency, *Projected Costs of Generating Electricity, 2015 Edition* (Paris: IEA, 2015), 17, 41, 49, 83; Geoffrey Rothwell, "Defining Plant-Level Costs. Presentation at OECD Workshop," Paris, January 20, 2016, 16; Geoffrey Rothwell, *Economics of Nuclear Power* (London: Routledge, 2015).

7. CAP1000 and the planned CAP1400.

8. World Nuclear Association, "Nuclear Power in China," updated April 20, 2017, www.world-nuclear.org.

9. Stephen Chen, "Warships to Be Powered by Cold War Era Reactor," *South China Morning Post*, December 6, 2017.

10. Peter Fairley, "A Pyrrhic Victory for Nuclear Power," *IEEE Spectrum* (October 2017).

11. Matthew Cottee, "China's Nuclear Export Ambitions Run into Friction," *Financial Times*, August 2, 2017.

12. In ten locations, 27 GW total.

13. For this section, see World Nuclear Association, "Nuclear Power in Russia," updated July 27, 2017, www.world-nuclear.org/information-library/country-profiles/countries.o.s/russia -nuclear-power.aspx.

14. This role is not always welcomed in the United States. See Nick Gallucci and Michael Shellenberger, "Will the West Let Russia Dominate the Nuclear Market?," *Foreign Affairs* (August 3, 2017).

15. Sentaku Magazine, "Russia Unrivaled in Nuclear Power Plant Exports," *Japan*

Times, July 27, 2017.

16. Information from World Nuclear Association supplemented by Daniel Westlen, personal communication.

17. World Nuclear Association, "Nuclear Power in Russia," "Transition to Fast Reactors" section.

18. Government of India, Ministry of Power, Central Electricity Authority, "Draft National Electricity Plan," vol. 1, December 2016, www.cea.nic.in/reports/committee/nep/nep_dec.pdf, 2.10.

19. Geeta Anand, "Until Recently a Coal Goliath, India Is Rapidly Turning Green," *New York Times*, June 3, 2017, A1.

20. Hans M. Kristensen and Robert S. Norris, "Indian Nuclear Forces, 2017." *Bulletin of the Atomic Scientists* 73, no. 4 (2017). India has air-, land-, and sea-based delivery systems.

21. To date, India has primarily constructed "heavy water" reactors, not the "light water" reactors mostly used around the world. (Light water is regular H2O, while "heavy water" contains deuterium, which is a hydrogen isotope with an added neutron.) Heavy-water reactors can run on natural (not enriched) uranium, making them an ideal choice for nations cut off from access to the enriched uranium market.

22. "Way Forward Agreed for Jaitapur Reactors," *World Nuclear News* (March 12, 2018).

제14장 | 탄소가격제

1. Justin Gerdes, "How Much Do Health Impacts from Fossil Fuel Electricity

Cost the U.S. Economy?," Forbes (April 8, 2013), www.forbes.com/sites/justingerdes/2013/04/08/how-.much .do.health-impacts-from-fossil-fuel-electricity-cost-the-u-s-economy/#612d87edc679.

2. N. Gregory Mankiw, "A Carbon Fee That America Could Live With," *New York Times*, September 1, 2013, BU4.

3. Chicago Booth, IGM Forum, "Carbon Tax," December 20, 2011, www.igmchicago.org/surveys/carbon-tax.

4. Eduardo Porter, "Counting the Cost of Fixing the Future," *New York Times*, September 11, 2013, B1.

5. William Nordhaus, *The Climate Casino: Risk, Economics, and Uncertainty for a Warming World* (New Haven, CT: Yale University Press, 2013), 177.

6. Ibid., 263.

7. Ibid., 225.

8. CDP North America, "Global Corporate Use of Carbon Pricing," September 2014, 10; Tamara DiCaprio, "The Microsoft Carbon Fee: Theory and Practice," Microsoft, December 2013; Georgina Gustin, "U.S. Rice Farmers Turn Sustainability into Carbon Credits, with Microsoft as First Buyer," *Inside Climate News* (June 26, 2017).

9. World Bank, Ecofys, and Vivid Economics, *State and Trends of Carbon Pricing, 2016* (Washington, DC: World Bank, 2016); Carbon Pricing Leadership Coalition, *Carbon Pricing Leadership Report*, 2016. 2017, http://pubdocs.worldbank.org/en/183521492529539277/WBG-CPLC-2017-Leadership-Report-DIGITAL-Single-Pages.pdf.

10. James Temple, "Surge of Carbon Pricing Proposals Coming in the New Year," *Technology Review* (December 4, 2017).

11. www.worldbank.org/en/news/feature/2016/05/16/when-it-comes-to-

emissions-sweden-has-its-cake-and-eats-it-too.

12. Eurostat, "Electricity and Heat Statistics," June 2017, http://ec.europa.eu/eurostat/statistics-explained/index.php/Electricity_and_heat_statistics.

13. Eduardo Porter, "British Columbia's Carbon Tax Yields Real-.World Lessons," *New York Times*, March 2, 2016, B1.

14. www2.gov.bc.ca/gov/content/environment/climate-change/planning-and-action/carbon-tax.

15. https://ec.europa.eu/clima/policies/ets_en.

16. The share of free allowances is dropping toward 30 percent by 2020, although it remains above 80 percent in the aviation sector.

17. Alissa De Carbonnel, "Sweden Proposes Measures to Strengthen Carbon Prices," Reuters, October 17, 2016.

18. Dale Kasler, "California's Cap and Trade Program Is Costly, Controversial. But How Does It Work?," *Sacramento Bee*, July 19, 2017.

19. Chris Buckley, "China's Leader Pushes Ahead with Big Gamble on a Carbon Trading Market," *New York Times*, June 24, 2017, A4.

20. Keith Bradsher and Lisa Friedman, "China Plans Huge Market for Trading Pollution Credits," *New York Times*, December 20, 2017, B1.

21. Nordhaus, *Climate Casino*, 240.

제15장 | 세계가 함께 나서야 한다

1. Raymond Pierrehumbert, "How to Decarbonize? Look to Sweden," *Bulletin of the Atomic Scientists* 72, no. 2 (2016): 105-111.

2. Government of Ontario, "The End of Coal: An Ontario Primer on

Modernizing Electricity Supply," November 2015, www.energy.gov.on.ca/en/files/2015/11/End.of.Coal.EN.web.pdf; Rauli Partanen and Janne M. Korhonen, *Climate Gamble: Is Anti-nuclear Activism Endangering Our Future?*, 3rd ed. (n.p.: CreateSpace, 2017), ix.

3. www.world-nuclear.org/information-library/country-profiles/countries.a.f/canada-nuclear-power.aspx.

4. www.energy.gov.on.ca/en/files/2015/11/End-of-Coal-EN-web.pdf.

5. Staffan A. Qvist and Barry W. Brook, "Potential for Worldwide Displacement of Fossil-Fuel Electricity by Nuclear Energy in Three Decades Based on Extrapolation of Regional Deployment Data," PLoS ONE 10, no. 5 (2015): e0124074; David Biello, "The World Really Could Go Nuclear," *Scientific American* (September 14, 2015); Pierrehumbert, "How to Decarbonize? Look to Sweden."

6. David Stanway, "Annual Nuclear Power Investment of $80 Billion Needed to Meet Climate Change Goals: IAEA," Reuters, April 27, 2017.

7. See Figure 57. South Korea's export reactors in the UAE cost about double the domestic ones.

8. John Mecklin, "Introduction: Nuclear Power and the Urgent Threat of Climate Change" (special issue), *Bulletin of the Atomic Scientists* 73, no. 1 (2017).

9. James Hansen et al., "Nuclear Power Paves the Only Viable Path Forward on Climate Change," *Guardian*, December 3, 2015; Dawn Stover, "Kerry Emanuel: A Climate Scientist for Nuclear Energy," *Bulletin of the Atomic Scientists* 73, no. 1 (2017): 7-12.

10. Sarah Booth Conroy, "Farewell Gestures," May 29, 1995, *Washington Post.*

11. Magdalena Andersson and Isabella Lovin, "Sweden: Decoupling GDP Growth from CO2 Emissions Is Possible," World Bank blog Development in a Changing Climate, May 22, 2015, http://blogs.worldbank.org/climatechange/sweden-

decoupling-gdp-growth-CO2-emissions-possible.

12. David Roberts, "The Key to Tackling Climate Change: Electrify Everything," *Vox*, October 27, 2017.

13. www.ssab.com/company/sustainability/sustainable-operations/hybrit.

14. The fourth-generation "HTR.PM" reactor at Shiday Bay.

15. Jared Moore, "Thermal Hydrogen: An Emissions Free Hydrocarbon Economy," *International Journal of Hydrogen Energy* 30 (2017): 1-17.

16. Daisuke Miura and Tetsuo Tezuka, "A Comparative Study of Ammonia Energy Systems as a Future Energy Carrier, with Particular Reference to Vehicle Use in Japan," *Energy* 68 (April 2014): 428-436.

17. Robert Rosner and Alex Hearn, "What Role Could Nuclear Power Play in Limiting Climate Change?," *Bulletin of the Atomic Scientists* 73, no. 1 (2017): 2-6.

18. Framework Agreement between the Swedish Social Democratic Party, the Moderate Party, the Swedish Green Party, the Centre Party, and the Christian Democrats, June 10, 2016, www.government.se/49d8c1/contentassets/8239ed8e9517442580aac9bc b00197cc/ek-ok-eng.pdf.

19. Staffan A. Qvist and Barry W. Brook, "Environmental and Health Impacts of a Policy to Phase Out Nuclear Power in Sweden," *Energy Policy* 84 (2015): 1-10.

20. The figure is 805 TWh, 2016. www.nei.org/Knowledge-Center/Nuclear-.Statistics/World-Statistics/Top-10-Nuclear-Generating-Countries.

21. Environmentalprogress.org; Breakthrough Institute, https://thebreakthrough.org; www.ecomodernism.org.

22. Meredith Angwin, *Campaigning for Clean Air: Strategies for Pro-nuclear Advocacy* (Wilder, VT: Carnot Communications, 2016); John Asafu-Adjaye et al., *An Ecomodernist Manifesto* (April 2015), www.ecomodernism.org/; Stewart Brand, *Whole Earth Discipline: An Ecopragmatist Manifesto* (New York: Viking, 2009); Joshua

S. Goldstein and Steven Pinker, "Inconvenient Truths for the Environmental Movement," *Boston Globe*, November 23, 2015, A8.

23. Jessica Lovering et al., "Low-Carbon Portfolio Standards: Raising the Bar for Clean Energy. Breakthrough Institute and Environmental Progress," May 2016, thebreakthrough.org/index.php/issues/energy/low-carbon-portfolio-standards; Jared Moore, Kyle Borgert, and Jay Apt, "Could Low Carbon Capacity Standards Be More Cost Effective at Reducing CO2 than Renewable Portfolio Standards?," *Energy Procedia* 63 (2014): 7459-7470.

24. Justin Gillis and Nadja Popovich, "The View from Trump Country, Where Renewable Energy Is Thriving," New York Times, June 8, 2017, A20.

25. Coral Davenport and Marjorie Connelly, "Half in G.O.P. Say They Back Climate Action," *New York Times*, January 31, 2015, A1.

26. Internationally, the politics of nuclear power are already very well developed. The IAEA and the NPT framework limit proliferation, along with technical measures administered by the Nuclear Suppliers Group. The World Association of Reactor Operators shares experience and information to improve safety. The World Nuclear Association coordinates the industry worldwide.

27. John Mueller, *Atomic Obsession: Nuclear Alarmism from Hiroshima to Al Qaeda* (Oxford: Oxford University Press, 2010).

28. http://environmentalprogress.org/global-overview.

29. Robert O. Keohane, "The Global Politics of Climate Change: Challenge for Political Science," PS 48, no. 1 (2015): 19-26; Robert O. Keohane and David G. Victor, "The Transnational Politics of Energy," *Dædalus* 142, no. 1 (2013): 97-109.

30. After large up.front licensing and construction costs, nuclear power plant operating expenses are lower than fossil-fuel plants, including methane, although higher than hydropower. See US Energy Information Administration, www.eia.

gov/electricity/annual/html/epa_08_04.html.

31. Partanen and Korhonen, *Climate Gamble*, 78-89; Paul L. Joskow and John E. Parsons, "The Economic Future of Nuclear Power," *Dædalus* (Fall 2009): 45-47.

32. Ik Jeong and Lee Gye Seok, "ROK's Nuclear Policies and R&D Programs," presentation by Republic of Korea Ministry of Science, ICT and Future Planning, at Nuclear Energy Agency International Workshop on the Nuclear Innovation Roadmap (NI2050), OECD, Paris, July 7-8, 2015.

33. World Nuclear Association, "Nuclear Power Economics and Project Structuring, 2017 Edition," www.world-nuclear.org, 4.

34. Ibid., 16. See also World Nuclear Association, "The Economics of Nuclear Power," updated April 2017, www.world-nuclear.org/information-library/economic-aspects/economics-of-nuclear-power.aspx.

35. World Nuclear Association, "Nuclear Power in South Korea," updated February 2017, www.world-nuclear.org. In the United States, Vogtle reactors 3-4, two AP1000s for $25 billion. www.utilitydive.com/news/vogtle-nuke-cost-could-top-25b-as-decision-time-looms/448555/. In the United Kingdom: "Hinkley Point: EDF Adds £1.5 Bn to Nuclear Plant Cost," *BBC News*, July 3, 2017.

36. Energy Technologies Institute, "The ETI Nuclear Cost Drivers Project: Summary Report," April 20, 2018. www.eti.co.uk/library/the-eti-nuclear-cost-drivers-project-summary-report.

37. However, innovation does also encounter resistance. See Calestous Juma, Innovation and Its Enemies: Why People Resist New Technologies (New York: Oxford University Press, 2016).

38. www.ecowatch.com/top.10.greenest-countries.in.the-world -1881962985.html; http://epi.yale.edu/sites/default/files/2016EPI_Full_Report_opt.pdf.

39. www.weforum.org/agenda/2017/01/why-sweden-beats-most-other-countries.

at-just-about-everything/.
40. Number one in the EU: http://ec.europa.eu/growth/industry/innovation/facts-figures/scoreboards_en. Number two worldwide: www.wipo.int/pressroom/en/articles/2016/article_0008.html.
41. Alex Gray, "Why Sweden Beats Other Countries at Just About Everything," World Economic Forum website, January 30, 2017, www.weforum.org/agenda/2017/01/why-sweden-beats-most-other-countries-at-just-about-everything/; www.helpage.org/global-agewatch/population-ageing-data/global-rankings-map/.

옮긴이 이기동

서울신문에서 초대 모스크바특파원과 국제부장, 논설위원을 지냈다. 소련연방 해체를 비롯한 동유럽 변혁의 과정을 현장에서 취재했다. 경북 성주에서 태어나 경북고, 경북대 철학과, 서울대대학원을 졸업하고, 관훈클럽정신영기금 지원으로 미시간대에서 저널리즘을 공부했다. 『머니 앤드 러브』 『팬데믹 이후의 세계–애프터쇼크』 『바이러스를 이기는 새로운 습관』 『나스 데일리의 1분 세계여행』 『김정은 평전–마지막 계승자』 『AI의 미래–생각하는 기계』 『블라디미르 푸틴 평전–뉴차르』 『미국의 세기는 끝났는가』 『인터뷰의 여왕 바바라 월터스 회고록–내 인생의 오디션』 『미하일 고르바초프 최후의 자서전–선택』 등을 우리말로 옮겼으며 저서로 『기본을 지키는 미디어 글쓰기』가 있다.

기후는 기다려주지 않는다

초판 1쇄 인쇄 | 2023년 11월 20일
초판 1쇄 발행 | 2023년 12월 8일

지은이 | 조슈아 S. 골드스타인 · 스타판 A. 크비스트
옮긴이 | 이기동
펴낸이 | 이기동　　편집주간 | 권기숙
편집기획 | 이민영 임미숙
마케팅 | 유민호 이정호
주소 | 서울특별시 강동구 양재대로 1393 삼진빌딩 2층
이메일 | previewbooks@naver.com
블로그 | http://blog.naver.com/previewbooks

전화 | 02)3409–4210
팩스 | 02)488–5548
등록번호 | 제206–93–29887호

디자인 | 박성진
인쇄 | 상지사 P&B

ISBN 978–89–97201–70–9 03450

잘못된 책은 서점에서 바꿔드립니다.
책값은 뒤표지에 있습니다.